Patrick Leiner

ROVERDROHNE

SELBER BAUEN & TUNEN

Patrick Leiner

ROVERDROHNE

SELBER BAUEN & TUNEN

Ohne Vorkenntnisse

Bibliografische Information der Deutschen Bibliothek

Die Deutsche Bibliothek verzeichnet diese Publikation in der Deutschen Nationalbibliografie; detaillierte Daten sind im Internet über http://dnb.ddb.de abrufbar.

Lektorat: Ulrich Dorn
Aufmachergrafiken: Mathias Vietmeier
Satz & Layout: DTP-Satz A. Kugge, München
art & design: www.ideehoch2.de
Druck: FIRMENGRUPPE APPL,
aprinta druck GmbH, Wemding

ISBN 978-3-645-**60524-3**

VORWORT

Der technische Wandel unserer Zeit schreitet schneller und zielstrebiger voran als je zuvor. Selbstfahrende Autos, Drohnen, die Pakete ausliefern, und Flugzeuge, die bald Personen über die verkehrschaotischen Straßen hinweg befördern werden, um so jeden Stau zu umgehen – alles zielt auf ein großes technologisches Ziel ab, nämlich die autonome Robotik. Der Mensch strebt danach, immer intelligentere Maschinen zu entwickeln, die ihm das Leben erleichtern. Genau dafür werden heute schon Fahrzeuge, humanoide Roboter sowie natürlich die Hauselektronik weiterentwickelt, damit sie mit der Zeit komplexere Aufgaben erledigen können, ohne dass der Mensch eingreifen muss. Autonome Fahrzeuge, Flugzeuge und Roboter sind der Zukunftstrend schlechthin.

Nach meinem ersten Buch »Drohnen selber bauen & tunen«, in dem ich die gesamte Technik der Multicopterdrohnen erkläre sowie drei Projekte zum Nachbauen beschreibe, war ich mir sicher, dass es noch viele andere Möglichkeiten gibt, die Steuerelektronik der fliegenden Multicopterdrohnen zu nutzen, um weitere Projekte, auch am Boden, umzusetzen.

Man bekommt als Kind das allererste Modellauto geschenkt und ist sofort fasziniert von der Technik, mit der sich das Modell über eine Fernsteuerung lenken lässt.

Wenn man älter wird, werden auch die Modellautos immer größer, und ein Benzinmotor im Modell kann so richtig was hermachen. Mit dem Nitro-Monstertruck durch Staub und Matsch – das macht mächtig Spaß. Seit über 15 Jahren begeistern mich als Modellflugpilot nicht nur Modellflugzeuge, sondern auch die RC-Car-Welt. Wenn man sich außerdem für Raumfahrt und speziell für die Rovertechnik interessiert, drängen sich Gedanken dazu auf, wie man mit der Technik, die heute jedem zugänglich ist, solch ein Gefährt mit autonomer Steuerung, Kameras an Bord und einer Solaranlage, die die Akkus wieder auflädt, selbst bauen kann. Solch ein interessantes Projekt wie den Bau einer Roverdrohne muss man einfach realisieren.

Gerade die autonome Steuerung eines Rovers ist eine Herausforderung. Gut, dass es schon aus der Drohnenwelt Möglichkeiten, sprich Hard- und Software, gibt, die genau für solch einen Zweck eingesetzt werden können. Das Open-Source-System ArduPilot (APM), das neben der Steuerung eines Multicopters weitere Einsatzfelder vorprogrammiert hat, kann dafür wunderbar verwendet werden. Diesem autonomen Rover, dem ArduRover, werden wir uns in diesem Buch widmen. Sie werden den Aufbau des Systems und der Hardware kennenlernen sowie eine eigene Roverdrohne damit bauen und diese zudem mit einer FPV- und einer Solaranlage tunen. Viel Spaß beim Lesen und Bauen.

Patrick Leiner

AN WEN RICHTET SICH DIESES BUCH?

Sie interessieren sich für ferngesteuerte Automodelle, Raumfahrt- und Rovertechnik sowie für neue Technologien wie etwa selbstfahrende Autos, oder Sie haben schon früher mit einem Lego©-Mindstorms-Roboter herumexperimentiert und möchten nun tiefer in die Welt der autonomen Fahrzeuge und ihrer Technik eintauchen, dann ist dieses Buch genau das richtige für Sie. Es richtet sich an alle technikbegeisterten Do-it-yourself-Elektronikbastler, die selbst einmal Schraubenzieher und Lötkolben in die Hand nehmen und ein eigenes, selbstfahrendes Roverfahrzeug mit vielen Features bauen möchten. Auch Trendthemen wie das Verbauen einer FPV-Anlage und der Antrieb mit einer Solaranlage kommen nicht zu kurz.

In diesem Buch lernen Sie von Grund auf, wie ein Roverfahrzeug aufgebaut ist, wie man es zu einer autonomen Roverdrohne umbauen kann und wie Sie das Gefährt tunen können, indem Sie eine FPV-Anlage mit drei verschiedenen Kameras und eine komplette Solaranlage, mit der der Akku geladen werden kann, planen und einbauen. FPV (*First Person View*) ist zurzeit voll im Trend und sorgt dafür, dass der Pilot des Fahrzeugs die Innenperspektive, mit Blick aus dem Rover heraus, einnimmt. Weite Feldwege, unwegsame Waldgebiete, ob bei Tag oder in der Nacht, mit der selbst eingebauten FPV-Anlage entdecken Sie immer wieder neue Gebiete, die es mit der Roverdrohne aus der Cockpitansicht zu erkunden gilt.

Beim Bau des Rovers spielt das Flugkontrollsystem ArduPilot (APM), das normalerweise in Multicoptern eingebaut ist, eine große Rolle. Die Roverdrohne wird mit dieser Technik ausgestattet, sodass sie auch autonome Missionen, die vorher geplant wurden, ausführen kann. Es wird also ein kompletter ArduRover geplant und gebaut. Wer braucht schon eine Steckdose?

Wenn Sie sich auch für das Thema Solarenergie und Solaranlagen begeistern und schon immer einmal ein Solarprojekt selber in Angriff nehmen wollten, kommen Sie von diesem Buch nicht mehr los, denn am Schluss des Roverdrohnen-Bauprojekts wird eine komplette Solaranlage geplant und verbaut, die nicht nur den Akku laden kann, sondern ihn bei der Fahrt auch aktiv entlastet, indem sie den Motoren einen extra Powerschub liefert. Wenn Sie sich also für einzelne oder sogar alle diese Themen interessieren und begeistern, werden Sie dieses Buch nicht mehr aus der Hand legen wollen.

WIE IST DIESES BUCH AUFGEBAUT?

Dieses Buch führt Sie durch die Welt der Fahrzeugdrohnen (Roboterfahrzeuge), ihrer Bestandteile und des Selberbauens einer eigenen Roverdrohne. Vom kompletten Bau bis hin zum Tuning mit einem FPV-System und der Installation einer Solaranlage ist alles detailliert beschrieben und zum Nachbauen mit Bildern dokumentiert.

Der erste Teil des Buchs macht Sie mit der Technik und dem Aufbau eines Rovers sowie mit seinen Bestandteilen vertraut. Nachdem Sie wissen, wie ein Rover eigentlich zu einer Roverdrohne wird, befasst sich der zweite Teil des Buchs mit dem kompletten Bau einer eigenen Roverdrohne. Alles ist detailliert bebildert und dokumentiert, sodass das Nachbauen einfach zu realisieren ist und vor allem Spaß macht. In diesem Buch können Sie sich also auf folgende Kapitel und Themen freuen:

- **Kapitel 1 - Roverdrohne: der Fahrroboter**
  Im ersten Kapitel des Buchs dreht sich alles um die fahrende Roverdrohne. Was macht solch ein Fahrzeug aus, wo wird es eingesetzt, und wie wird überhaupt ein Rover zur Roverdrohne?

- **Kapitel 2 - Bausteine der Roverdrohne**
  Hier finden Sie alles, was Sie über eine Roverdrohne wissen müssen. Wie ist solch ein Gefährt aufgebaut, und aus welchen Bauteilen besteht es? Vom Grundgerüst über das eigentliche Roverfahrzeug und die RC-Car-Welt bis zu den Motoren und wie diese betrieben werden, finden Sie hier alles Wissenswerte. Auch das große und interessante Themengebiet der LiPo-Akkus wird behandelt, genauso wie der Aufbau und die Funktionsweise eines Flightcontrollers, der für den autonomen Betrieb benötigt wird.

- **Kapitel 3 - Bau einer Roverdrohne**
  In diesem Kapitel stellen wir die ersten Überlegungen an zum Bau der eigenen Roverdrohne und was sie alles können soll, denn gut geplant ist schon halb gebaut. Welche Bauteile benötige ich? Und was passt überhaupt zusammen?

- **Kapitel 4 - Stufe 1: Grundkonstruktion**
  In diesem Kapitel greifen Sie selbst zu Lötkolben und Schraubenzieher, denn hier beginnt der praktische Teil des Buchs, der Bau einer eigenen Roverdrohne. Die erste Stufe (Grundkonstruktion) befasst sich mit dem Umbau eines Rovers zu einer Roverdrohne. Hier wird der Flightcontroller APM 2.6 (ArduPilot - ArduRover) verwendet, um aus einem gewöhnlichen Rock-Crawler-Rover eine autonome Roverdrohne zu bauen.

- **Kapitel 5 - Stufe 2: FPV-Tuning**
  Dieses Kapitel befasst sich mit dem Verbauen einer kompletten FPV-Anlage an der Roverdrohne. Die Sicht aus dem Cockpit ist ein faszinierendes Erlebnis. Neue Landschaften werden erkundet - bei Tag und bei Nacht. Mit einer Action-Cam, einer FPV-Kamera, einer Kamera für die Fahrt bei Nacht und einem Scheinwerfer wird alles möglich.

- **Kapitel 6 - Stufe 3: Solar-Tuning**
  Wer braucht schon eine Steckdose, um den Akku aufzuladen? In diesem Kapitel wird gezeigt, wie eine komplette Solaranlage für das Aufladen des Akkus berechnet und installiert wird. Das Solarsystem wird während der Fahrt den Akku entlasten und ihn bei Stillstand des Rovers aufladen.

4

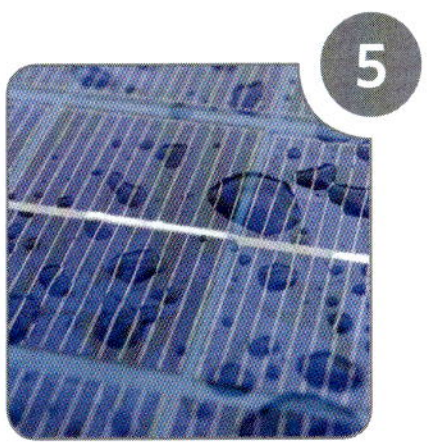
5

1

ROVER-DROHNE: DER FAHRROBOTER

Marsrover Sojourner der Pathfinder-Mission nach den ersten Zentimetern Fahrt auf dem Mars.

Rover – dieses Wort kennen die meisten sehr wahrscheinlich aus den Nachrichten, wenn es um spektakuläre Raumfahrtmissionen geht, in denen ein Marsrover die weite Reise von der Erde aus bis zu unserem Nachbarplaneten, dem Mars, überstanden hat, eine kinoreife Landung im roten Marssand hinlegt und von nun an die unentdeckten Weiten der Marslandschaft erkundet. Aber tatsächlich werden viele Fahrzeuge heute mit dem Begriff »Rover« bezeichnet, weil sie ähnliche Eigenschaften wie ihre Weltraumkollegen aufweisen. Das Wort selbst stammt tatsächlich aus dem Englischen und bedeutet so viel wie »umherwandern«. Das trifft natürlich speziell auf solche Fahrzeuge zu, die beispielsweise für wissenschaftliche Zwecke eingesetzt werden und eine Gegend erkunden, die sich möglicherweise noch niemand vorher genauer angeschaut hat. In der Raumfahrt trifft das natürlich voll und ganz zu, aber auf der Erde gibt es ebenfalls viele Roverfahrzeuge, die ähnliche Aufgaben erfüllen müssen.

WAS IST EIN ROVER?

Rover sind richtige Alleskönner, denn um ihren Zweck – das Erkunden von Gebieten oder das Erledigen spezieller Aufgaben in einem Gebiet – erfüllen zu können, dürfen sie natürlich nicht bei der kleinsten Unebenheit den Dienst quittieren und ihrem Operator den Status »Out of Order« geben. Auf der Erde mag dies nur ein kleines Problem darstellen, wenn allerdings ein Rover Millionen von Kilometer in einer Raumkapsel auf einen anderen Planeten geschickt wird, muss er natürlich auf so ziemlich alles vorbereitet sein, was die Landschaft bietet. Auch größere Hindernisse wie einen Baum, wenn wir wieder an den irdischen Betrieb denken, sollte so ein Rover umfahren können.

Genau das ist ein weiterer Punkt, der einen Rover so einzigartig macht. Denn viele Fahrzeuge dieser Gattung besitzen nicht nur ein geländetaugliches Fahrgestell und einen kraftvollen Antrieb, sie beinhalten oft auch echte Hochleistungscomputer, die mit verschiedensten optischen Sensoren gefüttert werden und das Gefährt teil- oder sogar vollautonom fahren lassen. Weiß also ein Rover, wo er gerade ist, und hat er die technische Ausrüstung an Board, um seinen Weg selbst zu finden, ist er optimal für seinen Einsatz in allerlei Gebieten gerüstet, sei es auf der Erde oder oben auf einem anderen Planeten.

WO WERDEN ROVER ÜBERALL EINGESETZT?

Wo kommen Rover generell zum Einsatz? Interessant ist, dass sie in mehr Bereichen genutzt werden, als wir denken oder als uns bewusst ist. Einer der populärsten Anwendungsbereiche von Roverfahrzeugen ist sicherlich die sogenannte Space Exploration, also die Erkundung unserer Nachbarplaneten und Monde mit Fahrzeugen, die ferngesteuert oder autonom, Millionen Kilometer von der Erde entfernt spezielle Aufgaben erledigen können. Das ist schon sehr interessant und beeindruckend, wenn man einmal darüber nachdenkt, was so ein Meisterwerk der modernen Technik aushalten muss, bis es am Zielort ist, oder aus wie vielen Einzelteilen ein Rover besteht und wie viele Konstruktionsstunden dahinterstecken.

Speziell bei den Marsroverfahrzeugen der NASA ist eine faszinierende Entwicklung in der Rovertechnik zu erkennen. Wieso ist es vorteilhaft, einen Rover zu nutzen, um unentdeckte Gebiete, Gelände und Landschaften zu erforschen? Um in einem bisher unbekannten Gelände etwas erforschen zu können, wird eine Forschungseinrichtung benötigt, die nicht nur statisch an einem Ort gewisse Messungen und Forschungen durchführen kann, sondern mobil einsetzbar ist und die Forschungsstation zu immer neuen Gebieten bringt. Man könnte meinen, Fluggeräte seien dafür doch viel effektiver.

Das stimmt vielleicht, jedoch war die Technik bislang noch nicht so weit, Forschung auf einem anderen Planeten oder Mond mithilfe eines Fluggeräts so zuverlässig durchzuführen wie mit einem mobilen Rover. Die Entwicklung der Marsrover zeigt deutlich, dass die Rovertechnik immer weiterentwickelt und immer zuverlässiger wurde. Sehr interessant ist der Fortschritt in der Entwicklung der Roverfahrzeuge, die speziell für die Marserkundung gebaut wurden und tatsächlich auf dem Mars zum Einsatz kamen oder immer noch weit weg von der Erde oben auf dem Roten Planeten durch die Landschaft rollen und den Wissenschaftlern stetig neue und faszinierende Bilder und Daten unseres Nachbarplaneten liefern.

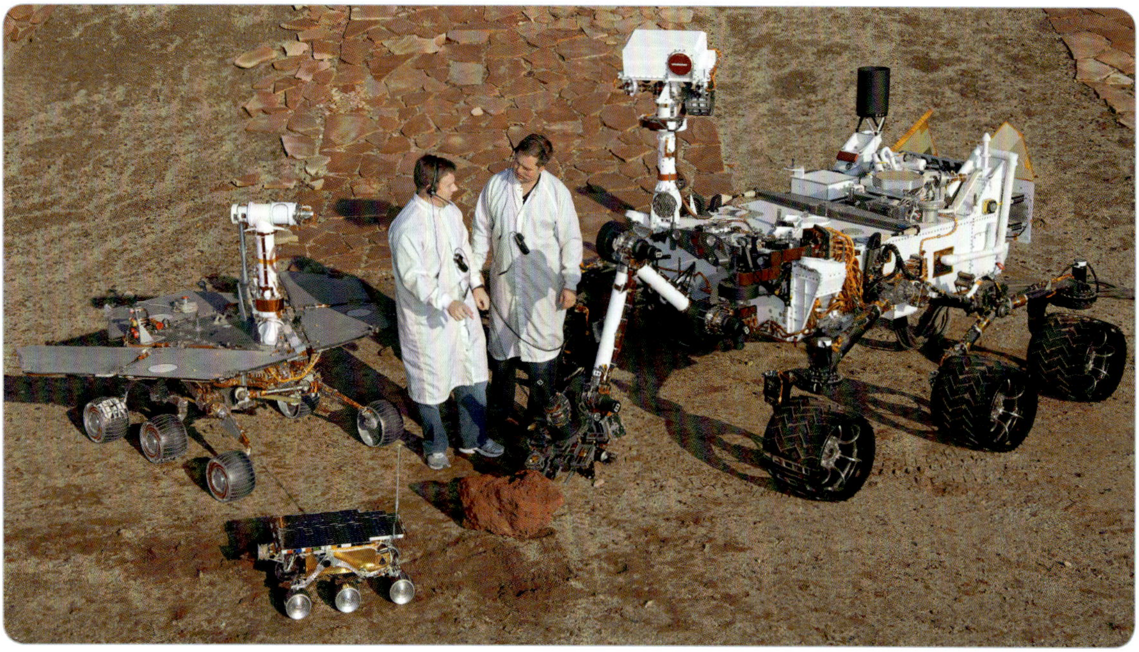

Die jüngste Geschichte der Marsroverentwicklung der NASA: vorne links der Rover Sojourner, hinten links einer der beiden baugleichen Rover Spirit und Opportunity und rechts der Rover Curiosity.

Im obigen Bild ist die jüngste Entwicklung des Marsroverprogramms der NASA sehr gut zu sehen. Der kleinere Rover vorne links ist der 1996 gestartete Marsrover Sojourner, dahinter ist einer der beiden Zwillingsrover des MER-Programms zu erkennen. MER steht für *Mars Exploration Rover* und beinhaltete die beiden baugleichen Marsrover Spirit und Opportunity, die im Jahr 2003 auf den Mars geschossen wurden. Hier ist die Entwicklung recht deutlich zu sehen, denn rechts neben den NASA-Mitarbeitern befindet sich der aktuellste Marsrover Curiosity.

Der Rover Sojourner (Sojourner bedeutet so viel wie »Gast« - zu Gast auf dem Mars) konnte schon einige wissenschaftliche Tests auf der Marsoberfläche durchführen, Gesteinsproben analysieren und die Festigkeit des Marsbodens feststellen. Er war drei Monate auf dem Roten Planeten unterwegs.

Auf dem Rover befanden sich circa 0,2 Quadratmeter Solarzellen, die auf dem Mars eine Leistung von 15 W (Watt) erbringen konnten (dort herrscht eine geringere Sonnenenergieeinstrahlung als auf der Erde, da er weiter entfernt von der Sonne ist). Interessant ist auch, dass die Solarzellen nicht zum Laden des Akkus gedacht waren, denn der Rover hatte eine nicht aufladbare Batterie an Bord. Tagsüber konnte er also mit Sonnenenergie betrieben werden, auch wenn die Batterie schon so gut wie leer war.

2003 folgte die sehr umfangreiche MER-Mission (*Mars Exploration Rover*), die aus gleich zwei Rovern bestand, Spirit und Opportunity. Die Rover sind baugleich und wurden in einem Abstand von nur einem Monat nacheinander auf den Mars geschossen.

MARSROVER SOJOURNER

Der Marsrover Sojourner wurde 1997 mithilfe einer Landekapsel namens Mars Pathfinder auf dem Roten Planeten abgesetzt. Der kleine Rover wog nur 10,6 Kilogramm und erkundete den Mars drei Monate lang.

Künstlerische Darstellung des MER-Rovers Spirit.

Sie landeten in zwei unterschiedlichen Marsregionen und erkundeten, weit über ihre vorgesehene Lebensdauer hinaus, den Mars. Der Rover Opportunity ist tatsächlich schon seit 2004 auf dem Mars und immer noch voll mit wissenschaftlichen Aufgaben beschäftigt.

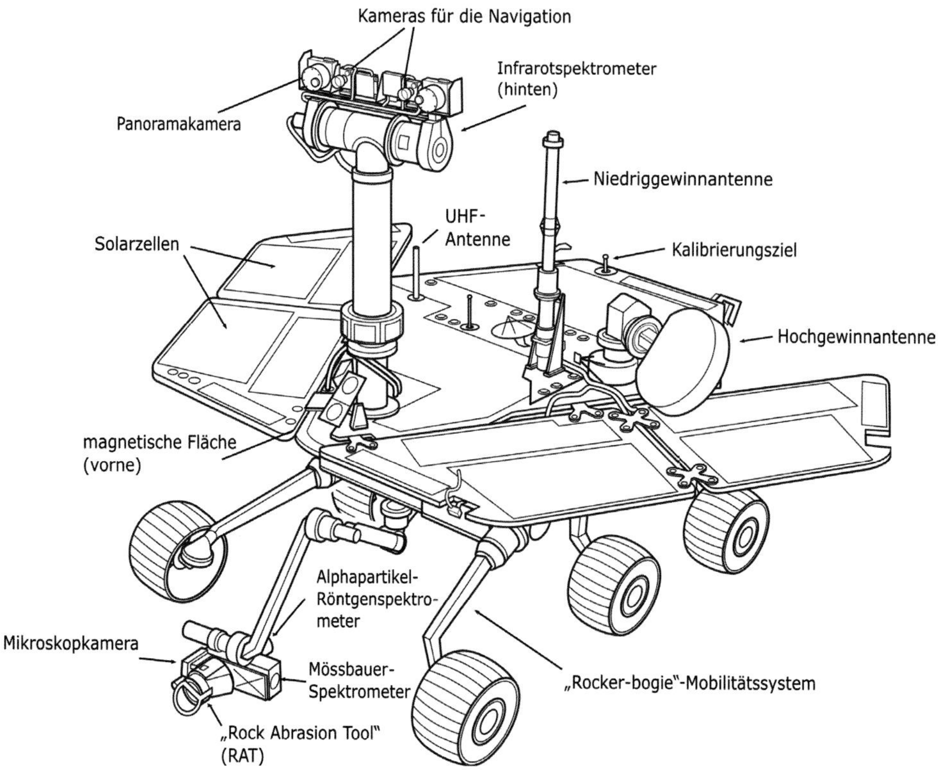

Aufbau der NASA-MER-Rover Spirit und Opportunity.

Eigentlich waren die Rover für lediglich 90 Tage ausgelegt, es war also ein echter Erfolg in der Raumfahrttechnik. Im Gegensatz zum Sojourner Rover wiegen die MER-Rover 185 Kilogramm und besitzen eine Solaranlage, die circa 300 W liefern kann, sowie einen aufladbaren Akku. Die Rover haben auch einiges mehr an wissenschaftlichem Gerät dabei, wie beispielsweise einen geologischer Bohrer.

Curiosity ist der zurzeit größte und modernste Rover auf dem Mars.

Im Gegensatz zum 185 Kilogramm schweren MER-Rover wiegt Curiosity stolze 900 Kilogramm, so viel wie ein Kleinwagen. Der Rover landete im August 2012 sehr spektakulär auf der Marsoberfläche. Die Sonde, die den Marsrover auf der Oberfläche absetzte, klinkte wenige Hundert Meter über dem Grund ein sogenanntes Skycrane-System aus, an dem der Rover unten befestigt war. Das mit Raketenantrieb bestückte Landegefährt zündete kurz vor der Oberfläche den Antrieb, ließ den Rover an einer Seilkonstruktion die letzten Meter auf die Marsoberfläche absinken, klinkte den Rover aus (setzte ihn ab) und flog dann auf und davon, bis es in sicherer Entfernung zum Rover aufschlug.

Selfie des Marsrovers Curiosity 2012 auf der Marsoberfläche im Gale-Krater.

Künstlerische Darstellung des Marsrovers Curiosity beim Landemanöver mithilfe des Skycrane.

Interessanterweise trägt der Rover keine Solarzellen. Curiosity besitzt einen Lithium-Ionen-Akku, der tatsächlich nicht über Solarzellen aufgeladen wird, sondern über einen Atomantrieb, genauer gesagt mithilfe einer Radionuklidbatterie. Hier wird tatsächlich der radioaktive Zerfall eines Isotops in elektrische Energie umgewandelt, was dem Rover eine Energie von 2,5 Kilowattstunden pro Tag beschert. Die Energieversorgung sollte mit dieser Technologie für 14 Jahre gesichert sein. Curiosity besitzt weit mehr wissenschaftliche Instrumente und Kameras als seine Vorgänger. Über zehn verschiedene Messinstrumente und Gerätschaften sind an dem Rover verbaut.

Teil- und vollautonome Roverfahrzeuge werden aber nicht nur in der Raumfahrt eingesetzt. Die Technologie der autonom agierenden Fahrzeuge findet sich auch immer öfter in unserem Alltag. Wer hat nicht schon von den autonom fahrenden Autos von Google, Tesla & Co. gehört, die uns in Zukunft einmal das Steuern des Autos abnehmen werden?

Auch kleinere Gefährte, wie der Paketrobotor der Firma Starship Technologies, sind zurzeit in der Erprobungsphase und sollen uns in Zukunft einmal die Pakete bis vor die Haustür liefern.

Rasenmäherroboter.

Was uns die Arbeit im Alltag tatsächlich zunehmend erleichtert, sind autonom fahrende Roboter und Rover. In immer mehr Gärten und Häusern finden sich kleine Roboter, die uns das Leben erleichtern, indem sie uns vollautomatisch den Rasen mähen oder den Fußboden staubsaugen oder sogar wischen.

Viele Roboterfahrzeuge finden sich also schon in unserem Alltag, und es wird wohl immer mehr davon geben. Die Technologie steht gerade erst am Anfang, aber die Zukunft der Rovertechnik wirft schon jetzt ihren Schatten voraus, und wir können uns auf eine faszinierende und erstaunliche Technologie freuen.

WIE WIRD EIN ROVER ZUR DROHNE?

Da wir nun wissen, was ein Rover ist, gelangen wir zu der Frage, was eigentlich der Unterschied zwischen einem reinen Rover und einer Roverdrohne ist. Nun, zuerst einmal müssen wir wissen, was der Begriff »Drohne« überhaupt bedeutet. Das Wort »Drohne« hat verschiedene Herkunftsrichtungen und bezeichnet beispielsweise auch die Arbeiterbiene in einem Bienenstock. In technischer Hinsicht stammt die Bedeutung des Worts allerdings aus dem Militärbereich.

Um Kampfpiloten an den Umgang mit scharfer Munition heranzuführen und Luftkämpfe so realistisch wie möglich zu gestalten, entwickelte das Militär schon sehr früh Flugzeuge ohne Bewaffnung, die unbemannt geflogen werden konnten und Übungszwecken dienten. Diese Flugzeuge wurden Drohnen genannt. Daher wird das Wort »Drohne« in der breiten Bevölkerung auch heute noch größtenteils mit Militär, Spionage oder Krieg verbunden.

Tatsächlich wird der Begriff aber sehr umfangreich und allgemein definiert. Als Drohne werden alle Fahrzeuge bezeichnet, egal ob Flugzeuge, Autos oder Schiffe, die unbemannt sind und ferngesteuert werden oder autonom agieren. Hieraus wird ersichtlich, dass es eine Unterteilung in Luft-, Land- und Wasserfahrzeuge gibt. Dafür werden in der Fachsprache eindrucksvoll klingende englische Wörter und Abkürzungen verwendet. Eine Flugdrohne wird auch als UAV (*Unmanned Arial Vehicle*), ein Landfahrzeug als UGV (*Unmanned Ground Vehicle*) und ein Schiff als USV (*Unmanned Surface Vehicle*) bezeichnet.

Bei unserer Roverdrohne handelt es sich um ein sogenanntes UGV. Streng genommen sind tatsächlich auch schon kleine Spielzeugautos, die wir im Supermarkt kaufen können, Drohnen. Ein ferngesteuertes Auto bietet eine Möglichkeit, eine Roverdrohne zu bauen. Soll solch ein RC-Auto auch selbstständig fahren können, soll es also automatisch (autonom) seinen Weg finden oder eine vorher definierte Strecke abfahren, werden weitere Bauteile benötigt, um aus einem ferngesteuerten RC-Auto eine selbstfahrende Autodrohne zu machen.

Es gibt viele Möglichkeiten, einen Rover so auszustatten, dass er eine vorher definierte Strecke abfährt. Im Bereich der Lego©-Kategorie Lego©-Mindstorms beispielsweise können an einem fahrenden Roboter viele verschiedene Parameter eingestellt werden, damit er automatisch eine gewisse Zeit oder eine bestimmte Strecke geradeaus oder in Kurven abfährt. Mithilfe eines Ultraschallsensors kann ein solcher Lego©-Roboter sogar eine Kollision mit Hindernissen vermeiden. Dieses System zur Steuerung und grundlegenden Programmierung eines Roboters ist gerade für die ersten Schritte im Bereich der Robotik gut geeignet.

Wer schon mehr Erfahrung im allgemeinen Bereich der Mikrocontroller oder der Robotik hat, kann einen fahrenden Roboter, also in unserem Sinn eine Roverdrohne, auch mithilfe von Arduino-basierten Mikrocontrollern oder mit einem Raspberry Pi bauen. Diese Controller können ebenfalls mit verschiedenen Sensoren ausgestattet werden und eignen sich ebenfalls dazu, einen Rover zu einer Roverdrohne umzubauen.

2

BAUSTEINE DER ROVERDROHNE

Die wichtigsten Bauteile für das Projekt »Roverdrohne«.

Eine Roverdrohne besteht aus verschiedenen Bausteinen, die zueinander passen und miteinander verbunden werden müssen. Bevor also eine Roverdrohne selbst gebaut werden kann, müssen wir uns erst einmal einen Einblick in die Technik verschaffen, die nötig ist, um ein solches Roverdrohnenprojekt umzusetzen. Grundlage einer jeden Roverdrohne, also eines autonom, teilautonom oder ferngesteuerten Fahrzeugs, ist das Fahrgestell oder ein Rover in seiner Grundausstattung. Flugzeuge brauchen Flügel, Boote einen Kiel und Hubschrauber ihren Rotor. Um also eine Roverdrohne bauen zu können, brauchen wir Räder. Nun kommt es darauf an, welche Drohne, nennen wir sie einmal allgemein Autodrohne, gebaut werden soll. Hier gibt es die unterschiedlichsten Varianten, je nachdem, was die Autodrohne alles können soll.

GRUNDGERÜST DER ROVERDROHNE

Um eine Autodrohne überhaupt bauen zu können, wird ein Grundgerüst benötigt, das wir in der RC-Technik, genauer gesagt bei den RC-Cars, finden können. Ein ferngesteuertes Auto ist also die Grundlage jeder Autodrohne. Nun besteht die Qual der Wahl, für welches RC-Auto man sich als Basis für die Drohne entscheiden sollte. Für jeden Einsatz gibt es das richtige Gefährt. Die Welt der RC-Autos hat viel zu bieten. Es gibt alles – von kleinen Buggys über schnelle Straßenautos bis hin zu megagroßen Crawlern. Im Wesentlichen wird in der RC-Car-Welt zwischen Onroad- und Offroad-Fahrzeugen unterschieden. Onroad-Modellautos sind, wie der Name schon sagt, fast ausschließlich für den Einsatz auf festem Asphalt geeignet.

Offroad-RC-Autos besitzen eher größere Reifen und einen hohen Radstand, um auch im Gelände gut voranzukommen und nicht stecken zu bleiben. Zudem können Offroad-Fahrzeuge in mehrere Unterkategorien gegliedert werden:

- RC-Buggys
- RC-Monstertrucks
- RC-Crawler/Rock-Crawler

RC-Buggys sind, trotz Geländetauglichkeit, relativ schnell auf ihren Rädern unterwegs, besitzen aber relativ große Stoßdämpfer, um auch im Gelände nicht durch Unebenheiten ausgebremst zu werden. Sie bilden also einen guten Kompromiss zwischen Geschwindigkeit und Geländetauglichkeit.

RC-Monstertrucks dagegen sind die Powermaschinen im Gelände und lassen keinen Stein auf dem anderen.

RC-Monstertruck nach einer Fahrt durch Matsch und Staub.

Sie haben meistens nicht nur vier, sondern gleich acht Federbeine und halten damit auch draußen in Dreck, Staub und Matsch einiges aus. Je nach Antrieb sind sie immer noch sehr schnell und vertragen auch den einen oder anderen Sprung über einen Hügel.

RC-Crawler, auch Rock-Crawler genannt, können genau das, was der Name schon sagt, nämlich vor allem über Hindernisse krabbeln.

RC-Crawler mit voller Federung und Drehung.

Sie besitzen sehr große Stoßdämpfer, und meistens ist der gesamte Aufbau in sich verdrehbar, sodass sie auch in unwegsamstem Gelände nicht den Halt verlieren. Die RC-Crawler gehören allerdings eher zu den Schildkröten der RC-Car-Welt, denn sie kommen zwar über jeden Stein, aber nicht sehr schnell.

Neben den gezeigten RC-Car-Varianten können in der Modellbauwelt weitere Fahrzeugtypen gebaut oder gekauft werden. Nicht selten findet man auf Modellbaumessen auch RC-Trucks, von denen manch einer extrem detailgenau gebaut wurde. Und auch Panzer finden sich im kleineren Maßstab.

Servo zur Steuerung des Fahrzeugs

Ein wichtiges Bauteil eines RC-Cars ist das Servo. Es ist für die Lenkung zuständig und setzt die Steuerbefehle des Piloten in eine direkte Bewegung um. Die Steuerbefehle werden über ein Lenkgestänge in eine tatsächliche Bewegung der (meist) vorderen Räder umgesetzt, sodass das Modell steuerbar ist. Ein Servo besteht aus einem Motor, einer kleinen Steuerelektronik, sozusagen dem Motorregler, und einem kleinen Getriebe, das oben auf dem Gehäuse sitzt und die Bewegungen ausführt.

Die wichtigste Einheit neben der Größe des Servos ist die sogenannte Stellkraft, also wie viel Kraft das Servo aufbringen kann, um irgendeine Art von Bewegung auszuführen. Ist in einem Modellauto ein sehr kleines Servo verbaut und fährt das Auto sehr schnell in eine Kurve, wirken einige Kräfte auf das Lenkgestänge und versuchen es wieder in die Ursprungsstellung zurückdrängen. Ist diese Kraft größer als die Stellkraft des Servos, ist das Auto in einer schnellen Kurve nicht mehr richtig steuerbar, oder das Servo wird sogar zerstört. Aus diesem Grund ist bei einem Servo meistens die Maßstabsgröße des Modells angegeben, in das es eingebaut werden kann.

Servo zur Lenkung eines RC-Cars

Das Servo wird über ein dreiadriges Kabel mit dem Empfänger oder einem Flightcontroller verbunden. Eine Ader ist die Minusleitung (Ground), die andere die Plusleitung (Spannungsleitung), zudem gibt es eine extra Leitung, meist in Gelb oder Weiß (Signalleitung), die das Steuersignal überträgt. Manche Automodelle können allerdings über die unterschiedliche Ansteuerung von linken und rechten Rädern gesteuert werden, sodass ein Servo überflüssig ist.

Geeigneter Maßstab für das RC-Car

Beim Auswählen eines RC-Cars werden wir mit einigen Angaben konfrontiert. Eine wichtige ist der sogenannte Maßstab. Der Maßstab gibt an, um wie viel kleiner das Modellauto ist im Vergleich zu seinem großen Bruder, dem real existierenden Fahrzeug in Originalgröße. Die am häufigsten verwendeten Maßstäbe sind 1:8, 1:10 und 1:12. Was bedeuten diese Zahlen genau? Der Maßstab 1:10 bedeutet zum Beispiel nichts anderes, als dass das Modell mit diesem Maßstab zehnmal kleiner ist als das Auto in Originalgröße. Ist also der Rallyewagen, in dem ein Pilot auf der Rallye Dakar seinen Wettbewerb fährt, vier Meter lang, weist das 1:10-Modell eine Länge von 40 Zentimetern auf.

2WD- und 4WD-Antriebseinheiten

Ein weiterer Parameter ist die Antriebseinheit des Modellautos. Es wird zwischen Fahrzeugen unterschieden, die nur über eine Achse und somit zwei Räder angetrieben werden, und solchen, die mit vier Rädern und zwei Achsen angetrieben werden. 2-Rad-Antriebe werden im Englischen als 2WD und 4-Rad-Antriebe als 4WD bezeichnet, WD steht dabei für *Wheel Drive*, also angetriebene Räder.

Ausstattung und RC-Car-Setumfang

Eine weitere und sehr wichtige Angabe, die einem bei der Beschreibung eines RC-Autos begegnet, ist die Art der Ausstattung oder des Setumfangs. Es finden sich meist die folgenden Abkürzungen:

- RTR (*Ready to Run*)
- BND (*Bind and Drive*)
- ARR (*Almost Ready to Run*)

RTR (*Ready to Run*) bedeutet so viel wie: direkt zum Fahren bereit. Der Umfang solch eines Sets ist also, wenn man es so will, komplett – mit allen Bauteilen, dem Akku und vor allem der Fernsteuerung. Ein RTR-RC-Car kann daher direkt nach dem Einlegen der Fernsteuerbatterien und dem Aufladen des Akkus gefahren werden.

BND (*Bind and Drive*) ist die Angabe dafür, dass im Set alles enthalten ist, was man benötigt, bis auf die Fernsteuerung selbst. Man muss sich also noch eine Fernsteuerung zulegen und sie mit dem im Modell vorhandenen Empfänger verbinden.

ARR (*Almost Ready to Run*) steht dafür, dass das Modellauto zwar komplett vormontiert ist, jedoch weder eine Fernsteuerung noch ein Empfänger im Modell vorhanden sind, und meist muss auch der Akku zum Modell separat gekauft werden.

KOMPATIBLE FERNSTEUERUNG

Beim Kauf eines BND-Modellautos müssen Sie sich noch eine Fernsteuerung separat kaufen. Dabei ist immer darauf zu achten, dass die Fernsteuerung mit dem im Modell vorhandenen Empfänger kompatibel ist.

ANTRIEB UND FERNSTEUERUNG

RC-Autos können sich nicht nur hinsichtlich der Frage, ob es sich um Off- und Onroad-Fahrzeuge handelt, sondern auch noch in einem weiteren, ganz wichtigen Punkt unterscheiden, nämlich wie die Fahrzeuge angetrieben werden. Hier gibt es drei verschiedene Varianten:

- Elektroantrieb
- Verbrennerantrieb (Nitro)
- Verbrennerantrieb (Benzin)

Antriebsvarianten für RC-Cars

Der Elektroantrieb ist der heute am weitesten verbreitete Antrieb für RC-Cars und generell in der Modellbauwelt. Es kommt zu 80 % der sehr leistungsstarke Brushless-Motor zum Einsatz.

Gleichstrombürstenmotor

Vor einigen Jahren wurden im RC-Modellbau noch fast ausschließlich Gleichstrombürstenmotoren verbaut. Wie der Name schon ahnen lässt, besitzt diese Motorenbauart sogenannte Bürsten (engl. Brush), um den angelegten Strom auf den Rotor zu übertragen.

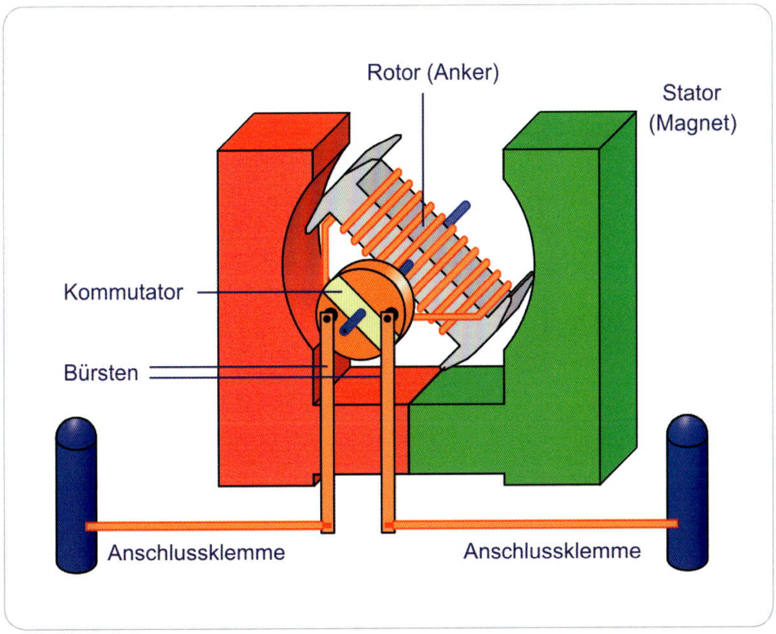

Wirkprinzip eines Gleichstrombürstenmotors. (Quelle: Wikipedia)

KOHLE-BÜRSTEN

Die Bürsten eines Gleichstrommotors bestehen aus Grafit, deshalb werden sie auch Kohlebürsten oder einfach Kohlen genannt.

NEODYM

Neodym ist ein Element in unserem Periodensystem. Es zählt zu den sogenannten seltenen Erden. Magnete, die daraus hergestellt werden, zählen zu den stärksten der Welt.

Der Motor besteht aus einem stehenden Teil, dem Stator, und einem rotierenden Teil, dem Rotor. Im Stator außen befinden sich Permanentmagnete in abwechselnder Polung. Der Rotor besteht aus einem Anker, um den sich außen Kupferwicklungen (Spulen) herumwinden. Der Strom muss von einem stehenden Teil auf den sich drehenden Kommutator (Stromwender) übertragen werden. Hierfür werden die angesprochenen Bürsten benötigt. Sie bestehen aus Grafit und liegen über eine leichte Federspannung mechanisch auf dem Kommutator an. Das ist der größte Nachteil des Motors, denn die Bürsten schlagen durch den Kontakt Funken und sind Verschleißteile.

Trotz ihrer Nachteile kommen Gleichstrombürsten, gerade bei fertig gebauten RC-Autos, immer noch oft zum Einsatz, da ihre Herstellung relativ günstig ist. In Fahrzeugen, die keine großen Strecken zurücklegen, sondern eher ein großes Anfahrtsmoment benötigen, wie RC-Crawler, Panzer oder Trucks, werden diese Motoren nach wie vor häufig eingesetzt.

Brushless-Motor

Es ist keine Überraschung, dass die Entwicklung von bürstenlosen Motoren, den Brushless-Motoren, eine echte Neuerung in der Modellsparte war. Brushless-Motoren bieten gegenüber DC-Bürstenmotoren (DC = *Direct Current* = Gleichstrom) einen großen Vorteil, denn sie benötigen keine Kohlebürsten.

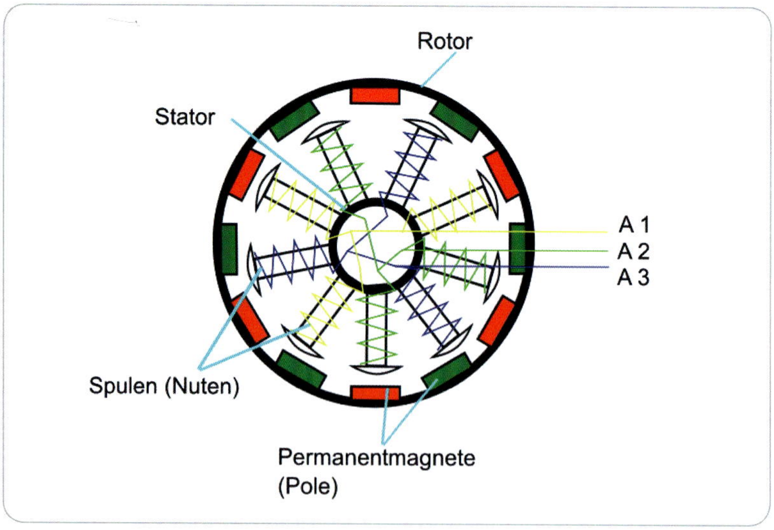

Aufbau eines Brushless-Außenläufermotors mit neun Spulen und zwölf Permanentmagneten.

Ein weiterer Unterschied zwischen einem Brushless-Motor und seinem bürstenbehafteten Vorgänger besteht darin, dass er den Stromrichtungswechsel am Stator vollzieht und somit kein Strom auf den sich drehenden Rotor übertragen werden muss. Die von Strom durchflossenen Kupferspulen befinden sich im Stator. Auf dem Rotor befinden sich die Permanentmagnete, die meistens aus Neodym bestehen.

Bauarten von Brushless-Motoren

Bei Brushless-Motoren unterschiedet man zwei verschiedene Bauarten, die Innenläufer und die Außenläufer. Innenläufer zeichnen sich dadurch aus, dass der stehende Teil (Stator) außen ist und nur der innere Teil sich dreht (Rotor). Dies entspricht dem Prinzip der älteren Bürstenmotoren. Bei einem Außenläufer verhält es sich genau umgekehrt. Der sich drehende Teil befindet sich außen, und der innere Teil bleibt fest stehen. Wegen ihrer Kennzahlen werden in Multicopterdrohnen meist Außenläufer eingesetzt.

Innenläufer-Brushless-Motor - Graupner 420i.

Außenläufer-Brushless-Motor - T-Motor© MN3508-29 KV380.

DREHSTROM

Wechselstrom, der über drei Phasen realisiert ist, wird auch Drehstrom genannt.

FAHRTEN-REGLER

Im Bereich der RC-Cars werden ESCs zur Ansteuerung der Motoren auch als Fahrtenregler bezeichnet.

Außenläufer haben meist eine kleinere KV-Zahl als Innenläufer, deshalb drehen sie langsamer. Für den Einsatz in RC-Autos werden generell Innenläufer verwendet.

Ein Nachteil hat die Konstruktionsweise des Brushless-Motors jedoch: Wie zu erkennen ist, benötigt er statt zwei Phasen, wie der Bürstenmotor, drei Phasen. Diese sind um 120 Grad versetzt und führen im Betrieb einen Wechselstrom. Somit werden die Stromrichtung und die hierdurch entstehende magnetische Wirkrichtung geändert.

Für die Wechselstromansteuerung der drei Phasen wird eine spezielle Elektronik benötigt. Diesen Teil übernimmt ein ESC (*Electronic Speed Controller*), auch Brushless-Motorregler genannt.

ESC

Zu jedem Brushless-Motor gehört ein Brushless-Regler. Wie schon gesagt, ein Brushless-Motor wird über drei Phasen, um 120 Grad versetzt, angesteuert. Durch diese fließt wechselweise der Strom. Um den Stromrichtungswechsel in den drei Phasen zu koordinieren, wird der ESC benötigt.

Wie funktioniert ein ESC? Wichtig ist erst einmal, die genaue Position des Rotors zu kennen, um alle drei Phasen koordiniert ansteuern zu können. Hierfür ist ebenfalls der ESC zuständig. Er misst über die sogenannte Gegenspannung (EMK = elektromagnetische Kraft) des Motors oder über Hall-Sensoren die genaue Rotorposition. Da ein Motor, der sich dreht, zugleich auch ein Generator ist, kann der ESC diese Gegenspannung messen und kennt so genau die aktuelle Rotorposition.

Ein Hall-Sensor kann durch die magnetische Wirkung des sich drehenden Rotors ebenso ein Signal zur Auswertung der Rotorposition liefern. Der ESC bekommt von einem Empfänger oder, im Fall eines Multicopters, von einem Flightcontroller die Vorgabe, wie schnell der Motor sich drehen soll. Dann vergleicht er Ist- und Sollwert miteinander und passt gegebenenfalls die Drehzahl an.

Spezialfall RC-Cars

Brushless-Regler finden wir heute in fast allen RC-Modellen, natürlich zu 100 % auch dort, wo Brushless-Motoren zum Einsatz kommen. Aber einfach einen x-beliebigen Regler im Internet zu kaufen, auf dem »BL-Regler« steht, funktioniert leider nicht. Im Bereich der RC-Cars sind auch immer noch Bürstenmotoren sehr weit verbreitet, bei der Auswahl des ESC muss also darauf geachtet werden.

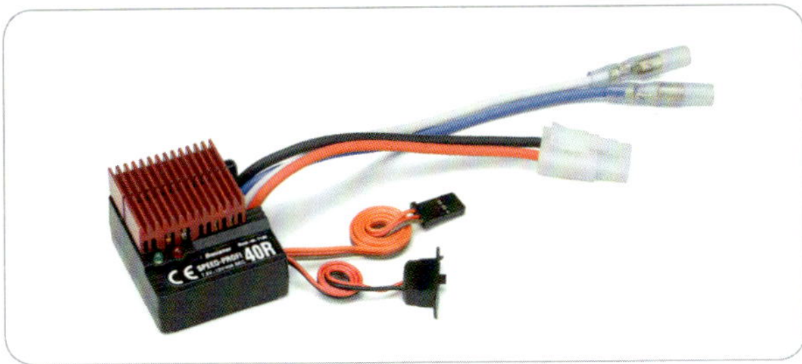

Bürstenmotorregler Graupner SPEEDPROFI 40R BEC.

Zu unterscheiden ist also erst einmal, ob der ESC Brushless-fähig ist oder nicht. An ein Automodell, das mit Bürstenmotoren ausgestattet ist, einen Brushless-Regler zu hängen oder umgekehrt, funktioniert nicht. Die RC-Car-ESCs unterscheiden sich von anderen ESCs in der Modellbauwelt, zum Beispiel von denen der Multicopter-ESCs, überwiegend darin, dass sie auch einen Rückwärtslauf anbieten, eine andere Software aufgespielt haben und einen Lüfter besitzen, um höhere Ströme verkraften zu können. Auch muss darauf geachtet werden, dass der Fahrtenregler LiPo-fähig ist.

Anders als bei den ESCs, die im Multicopterbau zum Einsatz kommen, ist es bei einem Modellauto sinnvoll, den Motor durch den ESC automatisch abschalten zu lassen, sobald der LiPo-Akku ein kritisches Spannungslevel erreicht. Das dient dem Schutz des Akkus, sodass er nicht tiefentladen werden kann und Schaden davonträgt (im schlimmsten Fall zu brennen beginnt). Ist ein Fahrtenregler LiPo-fähig, schaltet er ab einem bestimmten Spannungslevel automatisch den Motor aus. Ist er das nicht und wird trotzdem ein LiPo angeschlossen, besteht die Gefahr der Tiefentladung.

ESC Graupner GM Genius 120 A Brushless.

OPTO-ESC

Ein Opto-ESC (Optokoppler) besitzt kein BEC zur Stromversorgung weiterer Bauteile wie zum Beispiel eines Empfängers. Der Leistungsstromkreis zur Versorgung des Motors ist vom Steuerkreis des ESC galvanisch getrennt.

UNKONTROLLIERTER STROMFLUSS

Wird ein ESC, der mit einem BEC ausgestattet ist, an einen Flightcontroller angeschlossen, der schon extern mit Strom versorgt wird, kann es zu unkontrollierten Stromflüssen, einer Erhitzung der Bauteile und im schlimmsten Fall zu einem Defekt kommen.

Pulsweitenmodulation beim Brushless-Regler (PWM)

Ein ESC dient der Regelung des Energiedurchflusses vom Akku zum Motor nach den Vorgaben des Empfängers, an den er angeschlossen ist. Im Bereich der Roverdrohnen ist dies der Flightcontroller, an dem der ESC angeschlossen ist. Bekommt der ESC also das Signal, 50 % der maximal möglichen Leistung an den Motor weiterzuleiten, wird er dies tun, indem er den Energiefluss über eine Pulsweitenmodulation taktet. Pulsweitenmodulation bedeutet nichts anderes als der getaktete Durchlass der vollen Akkuleistung. Soll der ESC also 50 % der Motorleistung einstellen und beträgt der definierte Takt für 100 % zum Beispiel 50 kHz (Kilohertz), wird er die volle Akkuleistung in einem 25-kHz-Takt auf den Motor geben.

Für ESCs (Fahrtenregler), die für den Einsatz an einem Gleichstrombürstenmotor gedacht sind, gilt dies allerdings nicht. Hier wird die Drehzahl lediglich über die Spannung geregelt. Je höher die Spannung ist, die der ESC an den Motor weiterleitet, desto schneller dreht sich der Bürstenmotor. Ein Bürstenmotorregler ist also im eigentlichen Sinne kein Regler, sondern eher ein sogenannter Drehzahlsteller, bei dem nichts geregelt, sondern lediglich etwas vorgegeben wird.

BEC oder Opto?

Ein ESC kann nicht nur den Motor, sondern auch weitere Bauteile mit Energie versorgen. Das geschieht über eine spezielle Schaltung, die sozusagen etwas Akkuenergie abzweigt und sie über das Informationskabel (Servostecker) weitergibt. Wird der ESC also an den Empfänger angeschlossen, versorgt er diesen und weitere Geräte, wie zum Beispiel angeschlossene Servos, mit einer Spannung von 5 V (Volt) und einem maximal angegebenen Strom, beispielsweise 3 A (Ampere). Es wird kein extra Akku benötigt, der die Empfangsanlage, also den Empfänger und angeschlossene Servos, mit Energie versorgt; dafür verwendet man die englische Abkürzung BEC (*Battery Elimination Circuit*).

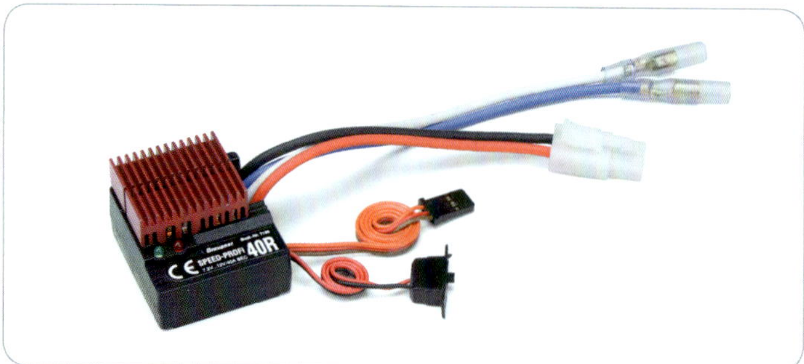

Graupner SPEED-PROFI (BEC).

Müssen keine weiteren Bauteile mit Strom versorgt werden, gibt es Brushless-Regler ohne BEC. Diese werden mit dem Zusatz »Opto« gekennzeichnet. Opto steht für Optokoppler, der bewirkt, dass der hoch belastbare Leistungsstromkreis (vom Akku zum Regler an den Motor) vom Informationsstromkreis getrennt ist. Es wird also kein Strom am Servostecker zur Verfügung gestellt.

Der Vorteil ist, dass weniger Störungen auftreten und der ESC insgesamt kleiner und leichter ist, da er weniger Schaltungselektronik mit sich herumschleppen muss.

Kann man jetzt an einen extern mit Strom versorgten Flightcontroller keinen ESC mit BEC anschließen? Doch, das ist möglich. In diesem Fall wird einfach die rote Leitung des ESC durchtrennt, sodass kein Strom vom ESC in den Flightcontroller geleitet wird.

Ampere (A), die Hauptgröße eines ESC

Das Hauptmerkmal eines ESC ist die Angabe, welchen maximal möglichen Strom er vertragen kann. Diese Angabe erfolgt immer in Ampere (A). Ein ESC muss letztlich zum ausgewählten Motor passen. Das heißt, ein Motor, der bei einer bestimmten Akkuspannung einen maximalen Stromfluss von 18 A verschlingt, kann nicht über einen Regler mit einer maximal möglichen Belastung von 15 A angesteuert werden. Der ESC würde sehr schnell das Zeitliche segnen, und das Modellauto wäre wohl erst einmal außer Gefecht gesetzt.

Um das zu vermeiden, ist es wichtig, einen ESC zu verwenden, der den maximalen Strombedarf des angeschlossenen Motors auch bewältigen kann. Hier sollte immer ein Sicherheitspuffer gewählt werden. Gibt der Hersteller des Motors einen Motormaximalstrom von 30 A an (der Stromfluss in Ampere wird im Englischen als »current« bezeichnet), sollte ein 40-A-ESC gewählt werden. Bei beiden Bauteilen werden oftmals auch kurzzeitige Extremwerte angegeben.

Das bedeutet, ein Motor kann beispielsweise 30 A aufnehmen, aber kurzzeitig, für 15 Sekunden, auch 35 A. Das muss bei der Auswahl eines ESC beachtet werden. Dieser hat wiederum auch einen Extremwert. Ist der ESC auf 40 A ausgelegt, kann er, je nach Herstellerangabe, sogar 45 oder 50 A für 15 Sekunden aushalten.

Spannung (V) und Zellenzahl (S)

Ein Fahrtenregler kann nicht mit jedem Akku zusammen betrieben werden. Wichtig ist, dass die maximal mögliche Spannung nicht überschritten wird. Diese wird oft nicht in Volt angegeben, sondern in der Zellenanzahl des Akkus. Wichtig ist, dass LiPo-Akkus in Zellenzahlen von 1 bis

6 (1S bis 6S) unterteilt werden. Steht also auf dem ESC oder in seinem Datenblatt, dass er nur mit 3S- oder 4S-LiPo betrieben werden kann, darf der benutzte LiPo-Akku maximal diese Anzahl von Zellen besitzen. Bei einem 3S-Akku liegt die Spannung im Mittel dann bei 11,1 V.

UBEC

Sollen in einem Modell elektronische Bauteile unabhängig vom ESC mit Strom versorgt werden oder werden nur Opto-ESCs benutzt, gibt es eine weitere Möglichkeit, die Energieversorgung des Flightcontrollers oder weiterer Bauteile, etwa von LEDs oder Servos, sicherzustellen: Es kann ein UBEC verwendet werden. Die Abkürzung steht für *Universal Battery Elimination Circuit*. Dies ist ein Bauteil, das an einen Akku angeschlossen wird und nur dazu dient, eine gleichbleibende Ausgangsspannung für Bauteile bereitzustellen.

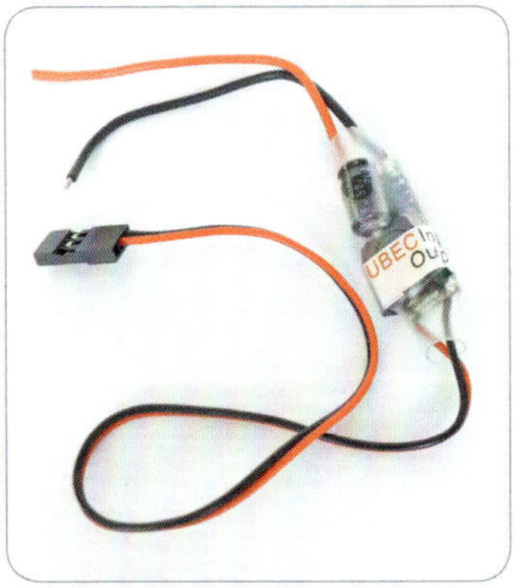

UBEC - Eingangsspannung zwischen 2 und 5 LiPo-Zellen (S) (5-23 V) - Ausgang 5 V und 3 A.

So kann zum Beispiel ein 11,1-V-Akku angeschlossen werden, und über den UBEC kann ein Empfänger mit 5 V versorgt werden. Für die richtige Auswahl eines UBEC können die Herstellerangaben dienen. Es werden die mögliche Eingangsspannung, die abgegebene Ausgangsspannung sowie der Maximalstrom angegeben, zum Beispiel:

- Eingangsspannung 6–26 V (Volt)
- Ausgangsspannung 5 V (Volt)
- 3 A (Ampere)

Verbrennungsmotoren

Neben der Elektrovariante sind RC-Cars mit Verbrennungsmotor die Wahl, wenn es um Power, aufgewirbelten Staub, laute Drehzahlakustik und einen Hauch von Benzingeruch in der Luft geht – mit anderen Worten: für echte Fans der blanken Mechanik und Motorenliebhaber, die auf den echten Sound des Verbrennungsvorgangs nicht verzichten möchten. So einen Verbrenner-Monstertrack bei feuchtem Wetter durch den Matsch der Baustellenhügel nebenan zu jagen, bis der Kühlkopf des knatternden Motors qualmt und die Abgasfahne die Umgebung einhüllt, macht schon was her.

Verbrennungsmotoren bieten Power, Drehmoment und sind teilweise echte Höllenmaschinen, haben aber auch gewisse Nachteile. Viele solcher Motoren müssen nach dem Kauf erst einmal eingefahren werden, und manch ein Hersteller überlässt gleich die komplette Ersteinstellung der Vergaser- oder Standgasnadel dem Käufer. Wenn Sie noch keine Ahnung von Verbrennungsmotoren haben, ist es erst einmal etwas kompliziert, den Motor einzustellen, und zwar genau so, dass er nicht zu fett (zu viel Sprit) oder zu mager (zu wenig Sprit im Gemisch) läuft. Die meisten Hersteller legen allerdings eine detaillierte Anleitung mit in den Karton, was das Einstellen ungemein erleichtert.

Beachten muss man, dass sich Verbrennungsmotoren in einem wichtigen Punkt unterscheiden. Verbrennungsmotor ist nicht gleich Verbrennungsmotor. Bei kleineren RC-Modellen kommen meistens die sogenannten Nitrozweitaktmotoren, im Englischen auch als Glow Engines bezeichnet, zum Einsatz. Diese werden mit einem Nitromethan-Ethanol/Methanol-Öl-Gemisch betrieben und sind, wie der Name schon sagt, Glühzünder. Ein prominenter Vertreter dieser Modellmotorenart sind die OS-Motoren.

Zweitakt-Nitromodellmotor.

Statt Nitroverbrennungsmotoren können in etwas größere Modelle auch komplette Viertaktmotoren eingebaut werden, die mit normalem Benzin, gemischt mit etwas Zweitaktöl, betrieben werden. Diese Art von Verbrennungsmotoren benötigt jedoch eine elektrische Zündanlage und ist eher bei sehr großen RC-Autos oder bei Flugzeugen zu finden.

Benzinbetriebener Buggy im Maßstab 1:6.

Energiequelle LiPo-Akku

Viele Modellautos werden heute mit einem leistungsstarken Brushless-Motor oder einem Brushed-Motor angetrieben. Ein Elektroantrieb benötigt jedoch ordentlich Energie, um seine Power richtig entfalten zu können und das Drehmoment auf die Straße zu bringen. Diese Power kommt von einem aufladbaren Akku. Vor einigen Jahren noch wurden im RC-Modellbau überwiegend Nickel-Cadmium- und Nickel-Metall-Hydrid-Akkus eingesetzt, wohingegen heute fast ausschließlich die Lithium-Polymer-Akkus zum Einsatz kommen.

ÜBERSPANNUNGS-SCHUTZ

Früher eingesetzte NiMh- oder NiCa-Zellen hatten einen konstruktiven Überspannungsschutz und waren in schwere Metallbehälter eingelassen. Sie wurden über den Hauptstecker geladen. War eine Zelle voll, wurde sie automatisch nicht mehr weitergeladen. Die LiPo-Technik besitzt aufgrund ihrer chemischen Eigenschaften keinen Überspannungsschutz.

BALANCERSTECKER

Die Balancerstecker der LiPo-Akkus sind nicht alle gleich. Je nach Hersteller gibt es vier verschiedene Steckerarten.

- **XH(P)**
- **EHR**
- **PQ**
- **FTP**

Vorteile des LiPo-Akkus

Wieso hat sich der »LiPo« in der Akkutechnik an die Spitze der Beliebtheit gesetzt? Der größte Vorteil des LiPo-Akkus besteht in seiner Energiedichte und seiner Nennspannung pro Zelle. Alle Akkutypen und Akkutechnologien, vom Lithium-Polymer- über den Lithium-Ionen- oder Nickel-Cadmium-Akku bis hin zum Bleiakku, können anhand der Kennzahl der Energiedichte verglichen werden. Diese gibt an, wie viel Energie in Wattstunden (Wh) der Akku pro Gewichtseinheit, meistens ein Kilogramm (kg), speichern kann. So können Akkus, egal welcher Art, verglichen werden. Wie die unten stehende Tabelle zeigt, hat der LiPo-Akku neben dem Li-Ion-Akku eine der höchsten Energiedichten, die zurzeit möglich sind.

AKKUTYP	NENNSPANNUNG IN V	ENERGIEDICHTE IN WH/KG
NiCd-Akku	1,2	50
NiMh-Akku	1,2	80
Bleiakku	2	40
Lithium-Ionen-Akku	3,6	180
Lithium-Polymer-Akku	3,7	200

Energiedichte und Nennspannung verschiedener Akkutechnologien

Ein LiPo kann demnach wesentlich mehr Energie bei gleichem Gewicht mitführen als zum Beispiel ein NiMh-Akku.

Ein weiterer Vorteil der LiPo-Technologie ist die wesentlich höhere Nennspannung einer Zelle als bei NiMh- oder NiCa-Akkus. Eine LiPo-Zelle hat immer, egal wie groß oder klein der Akku ist, 3,7 V Nennspannung. Ein NiMh-Akku hat lediglich 1,2 V Nennspannung. Für die gleiche Spannung müssen also mehr Zellen in Reihe geschaltet werden.

Bei einem LiPo treten auch kein Memory-Effekt und (fast) keine Selbstentladung auf. Der Memory-Effekt ist ein großer Nachteil bei Akkus, der bei früheren NiMh- und NiCa-Akkus zu finden war. Es konnte passieren, dass ein Akku, der nie vollständig »leer« gefahren oder nicht zu 100 % aufgeladen wurde, seine Kapazität nach und nach verlor. Wurde er also immer nur bis 30 % entladen, dann aber wieder geladen, passierte es, dass er nach einer gewissen Zeit nur noch 70 % seiner Leistung erbringen konnte. Solch einen Effekt hat der LiPo nicht. Auch die Gefahr einer fortschreitenden Selbstentladung, wenn der Akku nicht genutzt wird, besteht bei einem LiPo-Akku nicht. Dies ist vor allem bei der Lagerung des Akkus ein großer Vorteil.

Nachteile des LiPo

Der LiPo hat leider auch einige, teils gefährliche Nachteile.

Ein LiPo-Akku ist sehr empfindlich, was das Lade- und Entladeverhalten angeht. Wird der Akku aufgeladen, steigt die Spannung jeder Zelle an. Bei einer Zellspannung von 4,2 V ist er vollgeladen. Diese 4,2 V sind jedoch zugleich eine kritische Grenze, denn ab hier darf der Akku auf keinen Fall weiter geladen werden. Geschieht das dennoch, ist der Akku sehr schnell defekt, und es herrscht akute Brand- und Explosionsgefahr.

Nun bestehen die LiPo-Akkus nicht nur aus einer Zelle, sondern meistens aus drei oder vier einzelnen Zellen, die seriell geschaltet werden. Die Ladeendspannung eines dreizelligen LiPo-Akkus ist also somit dreimal 4,2, also 12,6 V. Hier beginnt das Problem. Wenn der Akku über den Hauptstromstecker mit einem Ladegerät verbunden und geladen wird, wird diesem nur die Gesamtspannung angezeigt.

Es kann vorkommen, dass zwei der drei Zellen eine Momentanspannung von 4,0 V haben und die dritte schon 4,2 V hat. Das Ladegerät weiß aber lediglich, dass eine Gesamtspannung von 12,2 V am Akku ansteht, und lädt weiter. Die Folge wäre die Zerstörung der dritten Zelle und somit des gesamten Akkus. An diesem wird das Problem der Empfindlichkeit des LiPo deutlich.

Balanceranschluss

Mit einem kleinen Trick ist dieses Problem gut beherrschbar, erfordert jedoch eine umfangreichere Ladetechnik. Die heutigen Lithium-Polymer-Akkus besitzen nicht nur ein »Hauptladekabel«, sondern ein weiteres, ein sogenanntes Balancerkabel.

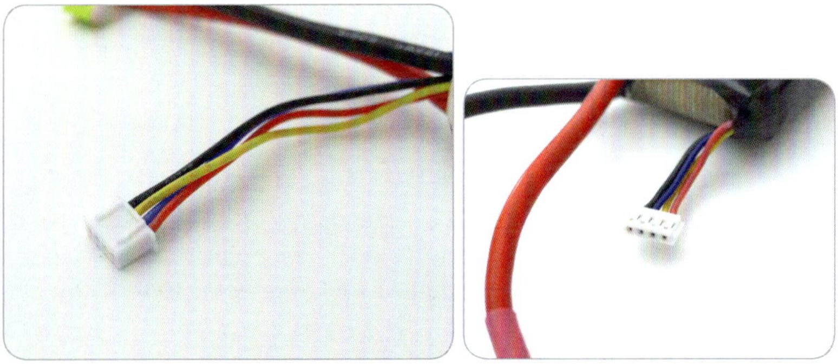

Balancerstecker - rechts XHP, links EHR.

Balanceradapter zum Anschließen einer anderen Art von Balancerstecker an ein Ladegerät.

Das Balancerkabel hat je nach Zellenzahl des Akkus mehrere Adern und überträgt die Einzelspannungen jeder Zelle. Der Stecker wird also in jedem Fall benötigt, um einen LiPo sicher laden zu können. Er wird zusätzlich zum Hauptladekabel an das Ladegerät angeschlossen.

Dasselbe Problem besteht beim Entladen des Akkus. Wird eine Zelle des LiPo tiefentladen, kann sie beschädigt werden. Sie sollte niemals unter 3 V entladen werden, denn spätestens ab einem Wert von 2,8 V wird die Zelle zerstört.

Während des Betrieb eines Modells wird der Akku aus allen Zellen entladen, jedoch nicht immer synchron. Aus diesem Grund ist es unabdingbar, die einzelnen Zellen während des Betriebs zu überwachen. Dies kann mit einem sogenannten LiPo-Checker oder LiPo-Warner geschehen.

LiPo-Warner - bei Unterschreiten des einstellbaren Spannungslevels einer Zelle gibt er ein akustisches und visuelles Signal ab.

KOMPATIBILITÄT

Bei der Auswahl eines Akkus oder eines Ladegeräts muss auf die Kompatibilität geachtet werden. Sollte ein Akku einen anderen Balancerstecker haben als die Buchse des Ladegeräts, muss ein passender Adapter benutzt werden.

BRANDGEFAHR

Jede einzelne Zelle in einem LiPo-Akku darf weder über 4,2 V aufgeladen noch unter 2,8 V entladen werden. Geschieht das oder tritt ein mechanischer Defekt, zum Beispiel durch einen Absturz, auf, besteht akute Brand- und Explosionsgefahr.

Das ist ein kleines, elektronisches Bauteil zur Überwachung der einzelnen Zellspannungen. Der Balancerstecker des LiPo wird an das Gerät angeschlossen, und sobald eine Zelle unter den eingestellten Level fällt, ertönt ein lautes Signal.

Mit diesem kleinen Bauteil kann somit verhindert werden, dass eine einzelne Zelle des Akkupacks zu tief entladen wird.

Die einzelnen Zellenspannungen können mit einem kleinen tragbaren LiPo-Checker auch am Boden überprüft werden.

LiPo-Checker zum Überprüfen des Ladezustands eines Akkus am Boden.

Wie äußert sich ein Defekt des LiPo-Akkus?

Ein LiPo kann durch drei verschiedene Arten zerstört werden, zwei davon kennen Sie bereits: Es genügen zum einen das Überladen und zum anderen das Tiefentladen einer einzigen Zelle, um den Akkupack zu schädigen oder sogar einen Brand oder im schlimmsten Fall eine Explosion zu verursachen. Es gibt jedoch noch etwas, was der LiPo überhaupt nicht mag: ein Verformen oder Perforieren des gesamten Akkus.

Tritt einer dieser drei Fälle auf, kann es zu einem Kurzschluss und/oder zum Ausgasen der LiPo-Zelle kommen. Im Volksmund macht der LiPo beim Ausgasen »dicke Backen«, er bläht sich auf. Gefährlich ist nicht nur, dass diese Gase teilweise sehr giftig sind, sondern auch hochexplosiv und im wahrsten Sinne »brandgefährlich«.

BRANDGEFAHR

Beim Einbau oder beim Anbringen eines LiPo sollten keine spitzen Gegenstände oder Kanten vorhanden sein. Diese könnten den Akku beschädigen und so ebenfalls einen Brand verursachen.

BRAND- UND EXPLOSIONSGEFAHR

Zerbeulte oder aufgeblähte LiPo-Akkus sollten nicht mehr verwendet werden. Es besteht höchste Brand- und Explosionsgefahr. Auch Tage nach einem Absturz des Modells oder dem Aufblähen des Akkus kann es noch zu einem Brand kommen.

IN REIHE UND PARALLEL GESCHALTETE ZELLEN

S steht bei einem LiPo-Akku für die in Reihe geschalteten Zellen. Je mehr Zellen in Reihe geschaltet werden, desto höher ist die Gesamtspannung. P steht für die parallel geschalteten Zellen in einer Reihenschaltung (einem String).

Aufgrund des Lithiums im Akku darf ein LiPo-Brand auf keinen Fall mit Wasser gelöscht werden, sondern muss mit einer Löschdecke oder mit Sand erstickt werden.

Kennzahlen eines LiPo (C-Wert, Kapazität und Spannung)

Um eine für kraftvolle Antriebe höhere Spannung liefern zu können, werden oft mehrere Zellen zu einer Reihenschaltung verbunden. So wird aus drei Zellen mit je 3,7 V ein Akkupack, der 11,1 V aufbringt. Jede Zelle hat neben ihrer Spannung auch eine gewisse Kapazität.

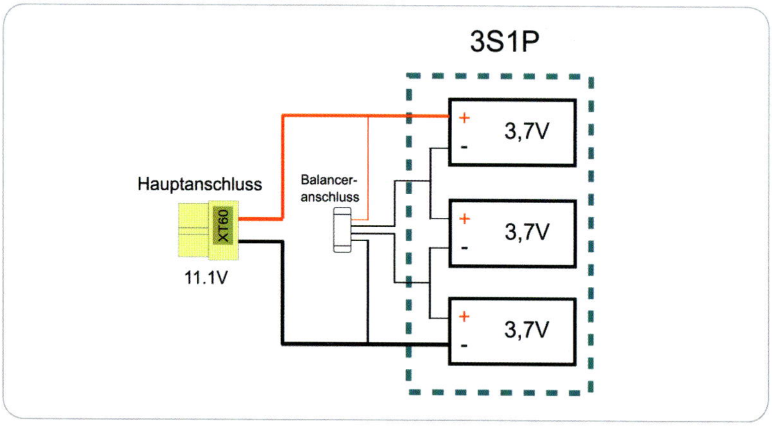

Innerer Aufbau eines LiPo-Akkus in der Konfiguration 3S1P.

Ein LiPo mit der Aufschrift »1300 mAh« hat eine Kapazität von 1.300 Milliampere-Stunden. Dies ist eine kapazitive Angabe, verbunden mit einer definierten Zeitspanne. Das bedeutet, der Akku kann eine Stunde lang 1.300 mA (Milliampere) Strom liefern. Der Akku kann aber auch aus zwei Zellen mit je 650 mAh bestehen. Solch eine Anordnung wird mit dem Buchstaben P gekennzeichnet.

P gibt also an, wie viele parallel geschaltete Zellen in einem seriell geschalteten Block, auch String genannt, angeordnet sind.

Der C-Wert ist eine weitere wichtige Angabe bei einem LiPo-Akku. Er kann genau genommen in drei Angaben aufgeteilt werden. Der C-Wert an sich gibt den möglichen Belastungsstrom des Akkus an. Steht in den Akkuspezifikationen 30 C, ist dies der Multiplikator für die Nennkapazität des LiPo. Besitzt ein Akku eine Kapazität von 1.300 mAh und einen Belastungswert von 30 C, kann der Akku also mit 39 A belastet werden.

$$C\text{-}Wert * \text{Nenn}kapazität = Maximaler\ Belastungstrom = 30 * 1300mAh = 39.000mAh = 39A$$

Dies ist die Angabe des Dauerbelastungsstroms. Es kommt vor, dass in den Angaben des Akkus die Rede von 30 C/45 C ist. Der zusätzliche höhere C-Wert gibt den maximal zulässigen Stromfluss für einen kurzen Zeitraum von meistens zehn Sekunden an. Demnach kann dieser Akku für maximal zehn Sekunden mit 58,5 A belastet werden. Eine weitere C-Angabe kann die des maximalen Ladestroms sein. Hier findet sich meistens die Angabe »Chargerate«. Eine Chargerate von 2 C bedeutet, dass ein 1.300-mAh-Akku mit maximal 2.600 mAh oder 2,6 A (Ampere) geladen werden sollte.

Lagerung und Wartung

Um lange Zeit möglichst viel von seinem LiPo zu haben, sollte man ihn ein wenig pflegen. Dies gilt für den Betrieb in den angegebenen Spezifikationen sowie für die Lagerung über mehrere Wochen oder Monate hinweg.

Generell darf ein LiPo-Akku niemals zu sehr beansprucht werden. Daher sollte immer eine gewisse Restkapazität im Akku verbleiben. Nicht mehr als 80 bis 85 % der Gesamtkapazität sollten dem LiPo während der Fahrt entzogen werden. Auch der maximal mögliche Belastungsstrom C sollte nie voll ausgereizt werden. Es mag sein, dass ein LiPo-Akku laut Hersteller mit bis zu 4 C geladen werden kann: das Laden mit 1 C kann für die Lebensdauer des Akkus aber besser sein. Im Winter sollten LiPos nicht einfach in die Ecke geworfen, sondern vielmehr in den Winterschlaf versetzt werden.

Dabei sollten Sie zwei Werte beachten: Der LiPo sollte für seine langfristige Einlagerung circa 50 % seiner Ladung haben, was etwa einer Zellspannung von 4 V entspricht. Es ist wissenschaftlich nachgewiesen, dass der LiPo bei diesem Wert am langsamsten »altert«. Ein neuer Akku direkt vom Hersteller oder Händler hat deshalb oft eine Spannung zwischen 3,8 und 4 V. Wer bezüglich des Brandrisikos während der Lagerung auf Nummer sicher gehen möchte, kann den Akku auch bei 3,4 bis 3,6 V lagern. Dann hat der LiPo so wenig Energie, dass ein Brand im Defektfall eher unwahrscheinlich ist.

Wer seinen LiPo nicht direkt nach dem Laden ins Modell klemmt und es losflitzen lässt, sollte ihn nicht bis zum Anschlag vollladen. Wird er erst ein bis drei Tage später benötigt, sollte er nur bis zu einer Zellspannung von 4,1 V geladen werden.

Zum Aufladen des Akkus wird natürlich noch ein LiPo-fähiges Ladegerät benötigt. Es sollte eine möglichst hohe Wattzahl haben, um den Akku auch mit 1 C laden zu können. Bei dieser Berechnung muss beachtet werden, dass die Ladeendspannung einer jeden Zelle immer 4,2 V beträgt.

LIPO-AKKUS LAGERN

LiPo-Akkus sollten immer in feuerfesten Behältern oder zumindest auf feuerfestem Untergrund ohne brennbare Stoffe in der Nähe gelagert werden, am besten in einer festen Metallbox oder einem LiPo-Bag.

Möchten wir beispielhaft einen 5A-3S-Akku mit 1 C laden, benötigen wir also ein Ladegerät, das mindestens 5 A laden kann und eine Gesamtleistung von (5 A * 12,6 V =) 63 W (Watt) hat. Kaufen wir ein Ladegerät mit nur 50 W, wird das Laden länger dauern.

Pistolenfernsteuerung X-8N von Graupner.

Funktionsweise der Fernsteuerung

Die Fernsteuerung ist im RC-Modellbau eine wichtige Komponente, um das Modell korrekt steuern zu können. Hier unterscheiden sich die verschiedenen Anwendungsgebiete der Modellbautechnik jedoch ein wenig. In der RC-Car-Welt finden sich fast ausschließlich die sogenannten Pistolenfernsteuerungen. Ihren Namen verdanken sie ihrem Aussehen, das stark an eine Pistole erinnert.

An der Unterseite befindet sich der Gashebel, mit dem beschleunigt und gebremst wird, an der Seite ist das Drehrad zum Steuern des Lenkservos angebracht, um die Fahrtrichtung des Modells zu bestimmen. Die Steuerungen besitzen je nach Ausstattung mindestens 2 bis 4 Kanäle und sind mit der neuesten 2,4-GHz-Technologie ausgestattet. Dieser Typ Fernsteuerung wird vor allem bei Fahrzeug- und Bootmodellen eingesetzt. Alle weiteren Modelle in der RC-Technik werden über sogenannte Hand- oder Pultsender gesteuert.

Was gehört noch alles zu der Fernsteuerung, und was steckt hinter der Technik? RC steht für *Radio Controlled*, was so viel bedeutet wie »per Funk gesteuert«. Sie dient also dazu, mittels Funkverbindung ein Modell aus der Ferne zu steuern. Eine RC-Anlage besteht in der Regel aus zwei Teilen: dem Sender und dem Empfänger. Der Sender ist der Teil der Anlage, den der Pilot zum Steuern des Modells in der Hand hält.

Fernsteuerung Graupner MC-32.

Der Empfänger ist der Teil der Anlage, der im Modell selbst sitzt.

Empfänger Graupner GR-12.

Funktionsweise

Die Fernsteuerung hat die Funktion, die Stellungen der Steuerknüppel in ein Signal umzuwandeln und es an den Empfänger zu senden. Der Empfänger wiederum entschlüsselt das Signal und wandelt es wieder in Steuerbefehle um, die an die einzelnen Servos oder den Motorregler weitergegeben werden. Heute werden fast nur noch Fernsteuerungen eingesetzt, die mit der 2,4-GHz-Technologie ausgestattet sind.

Das bedeutet, die Frequenz, auch Trägerfrequenz genannt, mit der die Signale übermittelt werden, bewegt sich im Bereich von 2,4 GHz. Der Sender moduliert das Signal in ein PPM-Signal (*Puls-Pausen-Modulation*) und sendet es an den Empfänger, der vorher einmal mit der Fernsteuerung verbunden wird und nur die Signale dieses einen Senders auswertet. Deshalb ist die 2,4-GHz-Technologie extrem störunempflindlich und sicher.

BINDING

Binding wird der Vorgang genannt, bei dem die Fernsteueranlage mit einem Empfänger verbunden (gebindet) wird. Nach dem erfolgreichen Verbinden verwertet der Empfänger nur noch Steuersignale von genau dieser einen Fernsteuerung. In den meisten Fällen wird ein Bind-Knopf an der Fernsteuerung gedrückt, dann wird ein Bind-Stecker in den Empfänger gesteckt, und dieser muss mit einer 5-V-Stromquelle verbunden werden.

Fernsteuerungen haben verschiedene Kanäle. Ein Auto wird über zwei Kanäle gesteuert: vorwärts/rückwärts und links/rechts. Hat eine Fernsteuerung mehr als zwei Kanäle, können weitere Zusatzfunktionen wie Lichter an-/ausgeschaltet werden.

Fernsteuerung FlySky Th9x.

Herstellersysteme

Bei der Auswahl einer Fernsteuerung ist auf einiges zu achten. Grundsätzlich hat jeder Hersteller seine eigene Technik entwickelt. Das bedeutet, dass die meisten Anlagen verschiedener Hersteller nicht kompatibel sind. Sender und Empfänger sollten immer zusammen gekauft werden, und weitere Empfänger sollten immer vom gleichen Hersteller stammen. Ausnahmen gibt es natürlich, dann sollten Sie genau darauf achten, welcher Hersteller welche Technologie verwendet. Hier ist ein Überblick über die bekanntesten aktuellen Hersteller von 2,4-GHz-Fernsteueranlagen:

- Graupner HoTT
- Futaba Fasst
- Jeti Duplex
- Multiplex M-LINK
- Weatronic
- Spektrum

Diskutieren Sie vor dem Kauf einer RC-Anlage die Vor- und Nachteile: Benötige ich einfach eine günstige Fernsteueranlage für den Hobbybedarf, oder möchte ich größtmögliche Sicherheit für große und teure Modelle haben? Die Preisspanne für solche Systeme reicht von einer Sechs-Kanal-Anlage für 60 Euro bis hin zu voll ausgebauten, mit Telemetrie ausgestatteten Profianlagen für 1.800 Euro.

Wie schon erwähnt, sind die Anforderungen an eine RC-Anlage im Multicopterbereich nicht so hoch gesteckt wie im klassischen Modellflug, da alle Einstellungen an dem Flightcontroller vorgenommen werden können. Für den Einstieg in den Multicopterbau genügt auf jeden Fall eine Sechs-Kanal-Fernsteuerung. Anlagen mit neun Kanälen sind auch kostengünstig im Internet verfügbar.

Der Hersteller Spektrum ist in einem gehobenen Bereich angesiedelt. Sechs-Kanal-Fernsteuerungen finden sich für circa 100 bis 150 Euro. Ein kleiner Vorteil dieses Systems ist, dass günstige Empfänger der Orange-Line-Palette kompatibel sind. Graupner bietet ebenfalls unterschiedliche Systeme, vom Handsender zu attraktiven Preisen bis hin zum Profi-Pultsender mit voll ausgebauter Telemetrie-, Schalter- und Steuerungstechnik. Preislich liegt Futaba mit fast dem gleichen Umfang an Produkten wohl etwas darüber. Eines der qualitativ hochwertigsten, aber auch teuersten Systeme stellt Weatronic her.

AUFGABEN DES FLIGHTCONTROLLERS

Die Bezeichnung Flightcontroller mag etwas verwirrend sein, allerdings bekommt dieses wichtige Bauteil seinen Namen aus einem artverwandten Gebiet der Drohnentechnik, nämlich aus der Welt der Multicopter oder Flugdrohnen. Der Flightcontroller ist das Herzstück jeder Multicopterdrohne und revolutionierte die Entwicklung der kleinen Fluggeräte, da die enthaltene Mikroelektronik immer günstiger und leistungsfähiger wurde.

Vom Multicopter direkt ins Auto

Ein auf dem Arduino basierendes System namens MultiWii, das tatsächlich aus einem umgebauten Wii-Controller bestand, konnte zu Beginn der Entwicklung alle Sensoren liefern, um ein Fluggerät mit vier starren Rotoren zu regeln und zum Fliegen zu bringen. Daraus resultiert der Name, da diese Steuergeräte aus der Multicopterbranche stammen. Aber einen Flightcontroller kann man nicht nur zum Steuern einer Flugdrohne verwenden, er bietet viele weitere Einsatzmöglichkeiten.

Natürlich kommt es immer darauf an, wie umfangreich die Sensorik in dem Bauteil aufgebaut ist, aber generell können mit einem Flightcontroller auch folgende Projekte umgesetzt werden:

- Multicopter
- Hubschrauber
- Flächenflugzeuge
- Autofahrzeuge
- Boote

Die Steuertechnik der Flightcontroller ist heute so weit, dass mit ein und demselben Controller die unterschiedlichsten Projekte realisiert werden können. So ziemlich alles, was es als ferngesteuertes Modell gibt, kann auch mit einem Flightcontroller betrieben werden.

Nun wissen wir also, woher der Flightcontroller seinen Namen hat, aber wie funktioniert er, und welche Aufgaben muss er erledigen?

Funktionsweise

Bei einem Multicopter, speziell bei einem Quadrocopter, müssen vier Antriebe gleichzeitig gesteuert werden. Da ein Multicopter lediglich über die Drehzahl der Rotoren gesteuert wird, muss jeder von ihnen einzeln geregelt werden. Diesen Part übernimmt der Flightcontroller bei einem Quadrocopter. Er besteht aus einem Mikrocontroller, angeschlossenen

FLIGHT-CONTROLLER

Ein Flightcontroller kann viele Bezeichnungen haben. Oft ist die Rede von einem Flightboard, einem Autopiloten, einem Flugcontroller oder einer Steuerplatine.

Sensoren, wie Beschleunigungssensoren und Gyroskopen, und vielen Anschlüssen für ein- und ausgehende Informationsflüsse.

Er errechnet mithilfe seiner Sensoren stetig die aktuelle Position des Fluggeräts und gibt den angeschlossenen ESCs Steuerbefehle zur Drehgeschwindigkeit der Motoren. Im Fall eines Rovers wird dem Flightcontroller natürlich nicht so viel abverlangt, da er hier meist nur ein ESC ansteuern und die Lage des Rovers nicht so oft und so präzise wie bei einem Multicopter regeln muss.

Sensoren

Sensoren sind sehr wichtige Teile des Flightcontrollers, da sie maßgeblich die Qualität der Steuerung beeinflussen - egal welches Vehikels.

Folgende Sensoren sind auf einem Flightcontroller verbaut oder können je nach Ausstattungsgrad zusätzlich angebracht werden. Die Verwendung bezieht sich erst einmal auf den ursprünglichen Einsatz in einem Multicopter.

SENSOR	BENÖTIGT/ OPTIONAL	VERWENDUNG
Gyroskop	benötigt	Fluglagenregelung
Accelerometer	benötigt	erweiterte Fluglagenregelung/mehr Flugmodi/ stabilere Fluglage
Magnetometer	optional	Verbesserung des Flugverhaltens/mehr Flugmodi
Barometer	optional	Höhe messen und halten
GPS	optional	Positionen halten und anfliegen
Ultraschallsensor	optional	Höhe halten/ Kollisionsvermeidung
Optical-Flow-Sensor	optional	Höhe und Position messen und halten in geringer Höhe

Gyroskope, auch Drehratensensoren oder Kreisel genannt, sind sozusagen die Hauptsensoren eines Flightcontrollers. Ein Gyroskop misst die Winkeländerung in einer Achse innerhalb einer bestimmten Zeit. Sie messen also, wie schnell sich das Fluggerät oder der Rover um welche Achse dreht.

Beschleunigungssensoren, auch Accelerometer genannt, können die relative Lage des Fahrzeugs zur Erde (Erdoberfläche) anhand der Erdbeschleunigung messen. Das bedeutet, dass der Flightcontroller aufgrund der Daten dieses Sensortyps immer weiß, wo er sich gerade relativ zum Boden befindet.

Durch das Einrechnen eines weiteren Sensorsignals kann die Position des Fluggeräts/Rovers weitaus besser erfasst und stabilisiert werden. Das Magnetometer (der Kompass) misst anhand der Erdmagnetfelder die geografische Ausrichtung (Himmelsrichtung) des Gefährts und weiß somit, ob es gerade nach Norden, Süden, Westen oder Osten zeigt. Es misst bei einem Rover also die Fahrtrichtung.

Ein Barometer ist sozusagen ein Höhenmesser. Dieser Sensor misst den relativen Luftdruckunterschied und kann so die aktuelle Höhe messen oder halten. Dieser Sensor kommt in einem Rover nicht zum Einsatz.

Um die genaue Position relativ zur Erdpositionierung zu ermitteln, wird ein GPS-Sensor (*Global Positioning System* = satellitengestütztes Navigationssystem) benötigt. Dieser Sensor kommuniziert mit GPS-Satelliten im erdnahen Orbit und erfasst über die Laufzeitberechnung der Signale die genaue Position und Höhe. Je mehr Satellitensignale zur selben Zeit aufgefangen und ausgewertet werden können, desto präziser ist die Positionsbestimmung des Sensors. Der Sensor ist für die autonome Funktion von Multicoptern und Rovern sehr wichtig, da hiermit die Home Position, also ein fixer Startpunkt, gesetzt und autonome Routen abgefahren werden können. Auf Knopfdruck kann sich also der Rover zurück zum Startpunkt bewegen.

Auf das GPS-Signal können wir uns aber nicht immer verlassen. Bei einer erhöhten Sonnenaktivität kann das GPS-Signal tatsächlich ausfallen, oder es besteht ein sehr großer GPS-Drift. Dadurch kann der Rover einige Meter oder sogar völlig vom Kurs abkommen. Auf der Internetseite *http://www.n3kl.org/sun/noaa.html* kann die aktuelle Sonnenaktivität nachgesehen werden. Stehen alle Anzeigen auf Grün (QUIET), ist keine GPS-Störung zu erwarten. Wechseln die Anzeigen auf Gelb oder Rot, ist Vorsicht geboten.

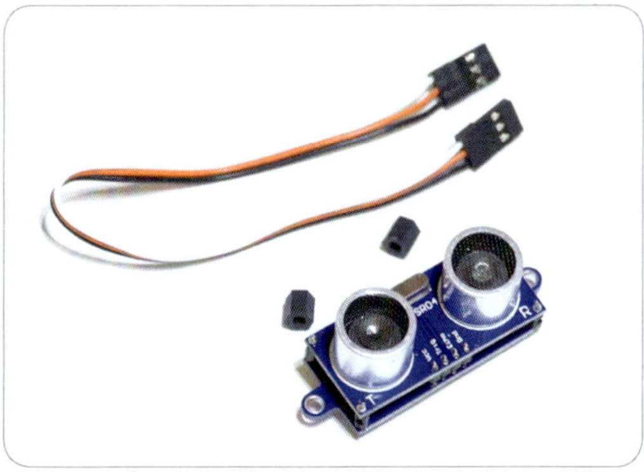

Analoger Ultraschallsensor.

Eine Erweiterung mit einem Ultraschallsensor, auch Sonar genannt, kann das Auffahren auf ein Hindernis verhindern. Dieser Sensor misst die Entfernung zu Objekten und sorgt dafür, dass der Rover ihnen nicht zu nahe kommt. Der Sensor basiert ebenfalls auf dem Prinzip der Laufzeitmessung. Ein Schallsignal wird vom einen

Teil des Sensors ausgesendet und vom anderen Teil wieder eingefangen. Kommt ein Schallsignal zurück zum Sensor, kann dieser mittels der Zeit, die das Signal benötigt hat, errechnen, wie weit ein Hindernis entfernt ist.

Ein Optical-Flow-Sensor ist ein optisches System zur Auswertung von Relativbewegungen des Sensors anhand von Veränderungen der optisch erfassten Bildsequenzen. Das bedeutet vereinfacht gesagt, dass der Sensor anhand nacheinander geschossener Bilder ein Muster oder prägnante Bildpunkte erkennt und die Bilder nach und nach miteinander vergleicht. Verschiebt sich ein spezieller Bildausschnitt, können eine Bewegung und deren Geschwindigkeit erfasst werden.

Der Flightcontroller bildet also einen Regelkreis zwischen den Sensordaten, den Eingaben des Piloten, der internen Datenverarbeitung des Mikrocontrollers und der Weitergabe der geforderten Drehzahlen an die ESCs, die die Motoren ansteuern. Im folgenden Schema ist der Aufbau dieses Regelkreises dargestellt:

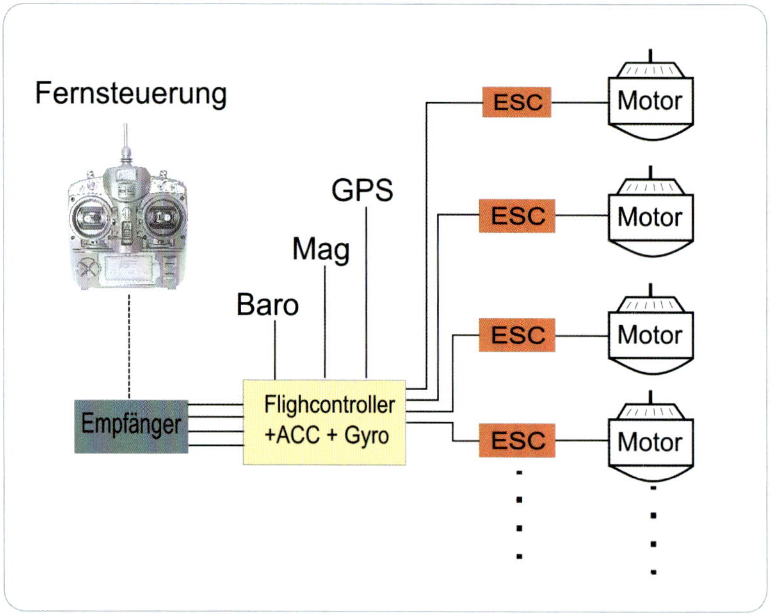

Verbindungsschema eines Flightcontrollers.

Der Flightcontroller bekommt also von seinen Sensoren Signale übermittelt, die er verarbeitet und weiß danach, in welcher Position er sich befindet. Dann kann er für einen stabilen Flug über den ESC die Motordrehzahlen anpassen.

Der Begriff »Flightcontroller« oder »Flightboard« bezeichnet übergeordnet alle Steuerplatinen, mit denen eine Drohne ausgestattet und betrieben werden kann. Es kann jedoch zwischen verschiedenen Herstellern oder Systemen unterschieden werden: Open Pilot und ArduPilot sind zwei Vertreter verschiedener Flightcontrollersysteme. Der Unterschied zwischen den Systemen und Herstellern fängt bei der Ausstattung des Flightcontrollers und den verwendeten Einzelbauteilen an und hört bei der Software, mit der die Boards eingestellt und in Betrieb genommen werden können, auf.

Es gibt sicherlich weitaus mehr Einzelsysteme als aufgeführt, hier werden die gängigsten Flightcontrollersysteme und ihre zugehörigen Flightboards behandelt. Im Detail werden folgende fünf Systeme vorgestellt:

- LibrePilot
- MultiWii
- KK
- ArduPilot
- DJI Naza

Für Rover kommen vor allem folgende Controllersysteme infrage:

- ArduPilot
- LibrePilot

Statt mit einem eigentlichen Flightcontroller kann ein Roverprojekt natürlich auch mit einem entsprechend ausgestatteten Raspberry Pi oder einem Arduino umgesetzt werden.

ArduPilot - APM-Rover

In unserem Roverdrohnenprojekt werden wir uns vor allem mit dem ArduPilot-System (APM) beschäftigen, da es dafür sehr umfangreiche Einstellungsmöglichkeiten und Erweiterungen gibt. Ein weiterer Vorteil des APM-Systems ist die sehr gute Dokumentation der Erfinder/Programmierer/Community dieses Flightcontrollers. Das macht es einem bei Problemen oder Hindernissen, denen man bei solch einem Projekt immer mal begegnet, leicht, dort nachzuschlagen und eine Lösung zu finden. Speziell für das ArduPilot-Projekt gibt es die Auskopplung ArduRover, die unter *http://ardupilot.org/rover/index.html* dokumentiert ist.

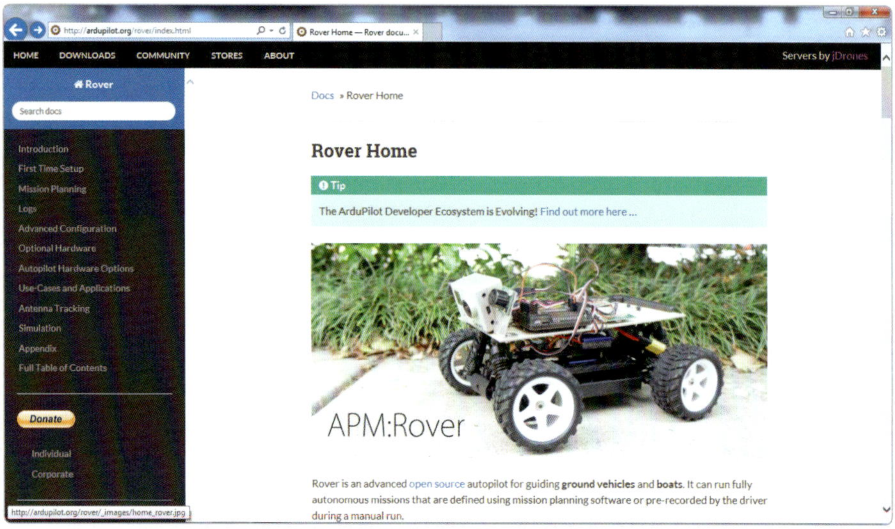

Dokumentationswebsite des ArduPilot-Projekts (ArduRover).

ArduPilot zählt zu den umfangreichsten Projekten, die es gibt. Entwickelt von der Firma 3DR, ist dieses APM-System (*ArduPilot Mega*) als Open-Source-Projekt aufgebaut, was bedeutet, dass ebenso wie bei MultiWii und LibrePilot der Aufbau der Hardware sowie der Programmiercode frei verfügbar sind. Das System zeichnet sich vor allem durch die vielfältigen Flugmodi/Fahrmodi und extrem viele Einstellungsmöglichkeiten aus sowie dadurch, dass der Flightcontroller während des Flugs Daten speichert, die danach ausgewertet werden können. Darüber hinaus können mit einem ArduPilot-Flightcontroller auch Flugzeug- oder Helicoptermodelle sowie Boote und U-Boote betrieben werden.

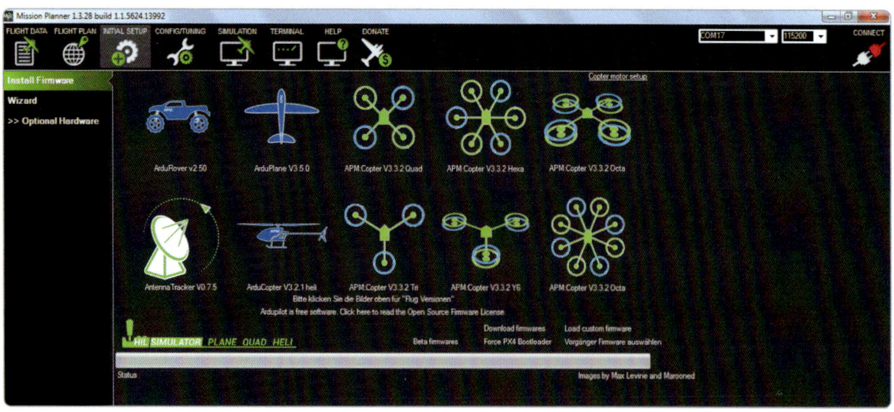

Auswahl des verwendeten Vehikels.

Ein weiteres wichtiges Merkmal des Systems ist die große Erweiterungsmöglichkeit. Zusätzliche Sensoren, wie Flow-Sensor, GPS, Magnetometer oder auch ein Ultraschallsensor (Sonarsensor), können verbaut werden. Dokumentiert ist das System sehr gut auf der Internetseite *http://ardupilot.org/*, wenn auch lediglich in englischer Sprache.

Von dem System gibt es bereits mehrere Varianten, wobei APM 2.6 die höchste, aber auch letzte Variante des Systems darstellt. Abgelöst wurde es vom Pixhawk-Flightcontroller und seinem Nachfolger Pixhawk 2, der ebenfalls von 3DR und ArduPilot entwickelt wurde und weiterentwickelt wird.

Im Internet wird neben der aktuellsten APM-Version 2.6 auch die ältere Version 2.5 angeboten. Wesentlicher Unterschied zwischen diesen beiden ist das Kompassmodul (Magnetometer). Bei der 2.5er-Version ist es noch auf der Platine selbst verbaut, was den Nachteil hat, dass der Kompass sehr nahe an Strom führenden Komponenten sitzt und so die Ergebnisse verfälscht werden können. Version 2.6 besitzt ein externes Magnetometer im Ublox-GPS-Modul. Möchten Sie solch ein externes Modul mit GPS und Kompass an eine 2.5er-Version anschließen, müssen Sie zuerst die Verbindung des Magnetometers auf der Platine durchtrennen, sonst gibt es fehlerhafte Werte. Eine Anleitung dazu finden Sie im Internet.

Was das Gesamtsystem APM aus der Masse heraushebt, ist die sehr gut gelungene grafische Benutzeroberfläche (GUI, *Graphical User Interface*), der Mission Planner.

Mission Planner zum Einstellen der APM-Parameter und Missionen.

APM-FLIGHT-CONTROLLER

Auf Auktionsplattformen werden häufig auch APM-Versionen höher als 2.6 angeboten. 2.6 ist jedoch die aktuellste und letzte Version dieses Controllers, was bedeutet, dass die Angaben nicht so ganz auf das ursprüngliche APM-Projekt von 3DR bezogen sind und teilweise damit nichts zu tun haben. APM-Flightcontroller aus chinesischer Herstellung, sogenannte Klone, sind im Internet ebenfalls verfügbar. Achten Sie auf die Version 2.5 oder 2.6, sie sind aufgebaut wie das Original und stehen diesem in nichts nach. Da APM ein Open-Source-Projekt ist, sind diese Klonprodukte ebenso legal auf dem Markt wie das Original von 3DR.

Hier können alle Parameter verändert, Einstellungen angepasst sowie externe Sensoren und Bauteile konfiguriert werden. Aufgrund des riesigen Umfangs können nicht alle Einstellungen erläutert werden.

Fahrmodi

Was zunächst wichtig ist, sind die verschiedenen Fahrmodi, die mit diesem System für einen Rover verfügbar sind. Die folgende Liste verschafft einen kurzen Überblick:

FAHRMODUS	KURZBESCHREIBUNG
Manual	Manuelle Kontrolle des Rovers. Die Steuerbewegungen der Fernsteuerung werden eins zu eins auf den Rover übertragen. Der Flightcontroller greift nicht ein.
Learning	Die Route, die der Rover fährt, kann gespeichert und später im *Auto*-Modus verwendet werden.
Auto	Der Rover fährt eine zuvor programmierte Route ab.
Steering	Der Rover plant eine Route wie im Mission Planner programmiert und übernimmt die Lenkung. Die Geschwindigkeit kann jedoch vom Piloten gesteuert werden. Die Hindernisumfahrung ist aktiv.
Hold	Der Rover hält sofort an.
Guided	Kein richtig auswählbarer Modus, jedoch am Notebook aktivierbar. Der Rover kann über eine Telemetrieverbindung über das Notebook gesteuert werden.

Fahrmodi - ArduPilot Mega (APM)

APM-SOFTWARE

Die Einstellungsmöglichkeiten der APM-Software (Mission Planner) sind extrem umfangreich und können nicht alle erklärt werden. Jeder einzelne Fahrmodus hat selbst wiederum einige detailliertere Einstellungsmöglichkeiten. Erklärungen in englischer Sprache dazu finden Sie unter *http://ardupilot.org/rover/docs/rover-control-modes.html*.

Manual

Der *Manual*-Modus ist der Grundmodus des Rovers. Er ist sehr einfach erklärt: Der Rover wird direkt über die Fernsteuerung gesteuert, und der Flightcontroller greift zu keiner Zeit ein. Der Modus verhält sich so, als wäre der Empfänger direkt mit ESC und Servo verbunden. Er ist zum Beispiel sinnvoll, wenn der Rover über eine FPV-Kamera gesteuert wird.

Learning

Dieser Modus dient dazu, die Route, die vom Piloten gerade manuell gefahren wird, in eine programmierte Route zu verwandeln, die der Rover später im *Auto*-Modus verwenden kann. Mithilfe eines Kippschalters an der Fernsteuerung, der den Kanal 7 am Flightcontroller steuert, kann die aktuelle Position des Rovers als Wegpunkt auf der Route gespeichert werden.

Auto

Der *Auto*-Modus ist das Highlight des Flightcontrollers. Mithilfe des GPS-Sensors wird der Rover zu einem autonomen Gefährt. In der Groundstation-Software Mission Planner kann zuvor über eine Map eine Route programmiert werden. Es können Startpunkt, Geschwindigkeit zwischen den Wegpunkten, Verweilzeiten und vieles mehr einprogrammiert werden. Schaltet man im Betrieb auf den *Auto*-Modus, beginnt der Rover mit der Mission und steuert den ersten Wegpunkt an.

Steering

Der *Steering*-Modus dient im Wesentlichen dem Testen der Einstellungen. Man könnte ihn mit dem *Auto*-Modus vergleichen, nur dass das Gaspedal vom Piloten noch manuell gesteuert wird. Der Rover errechnet sich seine Route wie im *Auto*-Modus und übernimmt die Lenkung. Auch das Umfahren von Hindernissen führt er aus beziehungsweise rechnet es mit in die Lenkung ein. Der Pilot kann also langsam Gas geben und sehen, ob der Rover die richtige Route abfährt oder einem Hindernis ausweicht, ohne die Kontrolle komplett abzugeben.

Hold

Hold ist so ziemlich der einfachste Modus. Er ist sozusagen der Panikknopf, wenn der Rover einmal nicht macht, was er soll. Wird in diesen Modus geschaltet, bleibt der Rover auf der Stelle stehen und fährt nicht mehr weiter. Droht er zum Beispiel im *Auto*-Modus gegen etwas zu fahren, können Sie den *Hold*-Modus aktivieren und herausfinden, was nicht stimmt, ohne dass der Rover gegen das Hindernis fährt.

Guided

Der *Guided*-Modus ist im engeren Sinn kein richtiger Modus, sondern eher eine zweite Fernsteuerung für den Rover. Für den Modus wird ein Telemetriesystem benötigt. Über die Telemetrieverbindung kann der Rover mithilfe des Notebooks gesteuert werden. Ist sie am Notebook aktiviert, können Sie den Rover auf der Karte in jede Richtung steuern.

Um den Flightcontroller einzustellen und später Missionen zu programmieren, wird die Software Mission Planner benötigt, die unter folgendem Link heruntergeladen werden kann: *http://ardupilot.org/planner/docs/common-install-mission-planner.html*

Ist die Software installiert, werden unter dem Menüpunkt *Help/Check for Updates* erst einmal die neuesten Updates heruntergeladen. Dieser Vorgang dauert mitunter einige Minuten, also keine Panik, wenn nach fünf Minuten Kaffeepause das Update immer noch läuft.

Das Anfangsmenü *FLIGHTDATA* bietet eine Übersicht über die aktuellen Sensordaten, die Position der Roverdrohne, den gewählten Fahrmodus und vieles mehr.

Die Anzeige *Distance to MAV* zeigt Ihnen den Abstand zu Ihrem Notebook oder eines Tablets an, sollten Sie ein Telemetriesystem verbaut haben.

Wichtige Parameter

Da die Software sehr umfangreich ist, können nicht alle Einstellungen genau beschrieben werden. Allerdings sind bei der Einstellung eines Roverfahrzeugs folgende sechs Parameter wichtig:

PARAMETER	BEDEUTUNG
STEER2SRV_P:	Wendedurchmesser des Rovers in Metern.
TURN_MAX_G	Maximale G-Kraft, die der Flightcontroller in einer Kurve zulässt.
NAVL1_PERIOD	Refreshrate des Flightcontrollers zum Überprüfen der korrekten Route (Position). Wird der Wert zu hoch gestellt, ist der Rover im *Auto*-Modus sehr hibbelig und flippig.
SPEED_TURN_GAIN	Abbremsvorgang vor einer Kurve. Der Wert gibt in Prozent an, wie viel Geschwindigkeit im Bezug zur Normalgeschwindigkeit der Rover vor einer Kurve noch haben soll.
CRUISE_SPEED	Zielgeschwindigkeit auf einer Geraden in m/s (Meter pro Sekunde).
CRUISE_THROTTLE	Bezugswert zum Einstellen der Verbindung zwischen Fernsteuerausschlag und Fahrgeschwindigkeit. Ist *CRUISE_SPEED* auf 2 gestellt und fährt der Rover 2 m/s bei 50 % des Stick-Ausschlags, muss 50 eingestellt werden.

Begriffserklärungen - ArduPilot Mega Rover (APM)

Eine ausführliche Liste der Einstellungsparameter des APM-Systems für Rover finden Sie unter: *http://ardupilot.org/rover/docs/parameters.html*

Erweiterung des Einsatzgebietes

FPV-Anlage

Der neueste und zurzeit beliebteste Trend im Modellbau und vor allem im Bereich der Multicopterdrohnen ist das FPV-Fliegen.

FPV steht für *First Person View* und bezeichnet die Ansicht aus dem Modell heraus - eine Ansicht also, als würde sich der Modellpilot selbst in dem Fluggerät oder dem Auto befinden und herausschauen. Die Technik wird auch als Immersionsflug bezeichnet, da durch zusätzliche Elektronik Daten direkt in das Livebild eingespielt werden können. Immersion steht für die virtuelle Realität. Nicht nur die reine Ansicht aus dem Fluggerät macht die Faszination des FPV-Flugs aus, sondern ebenso die Möglichkeit, sein Modell aus der Fluganischt live zu steuern. Ein verblüffend reales Fluggefühl entsteht - als würden Sie selbst im Flugzeug sitzen und es steuern.

FPV-Komponenten

Wie funktioniert die FPV-Technik im Detail, was brauchen Sie alles dafür, und wie wird alles angeschlossen?

Eine FPV-Anlage benötigt immer mehrere Komponenten, um zu funktionieren:

FPV-KOMPONENTEN	
FPV-Kamera	
FPV-Sender	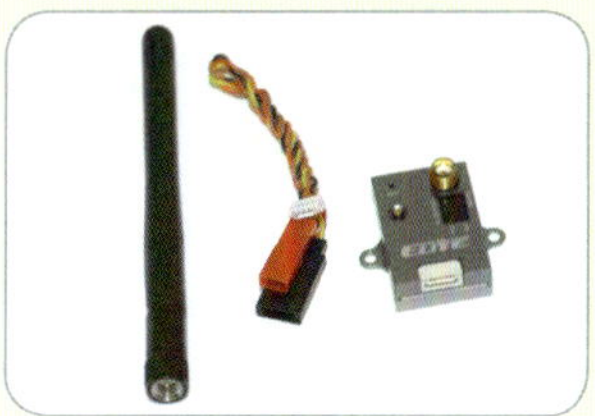
FPV-Empfänger	
FPV-Brille oder -Monitor	

Bauteile einer FPV-Anlage

BETRIEBS- UND AUSGANGSSPANNUNG

Die Betriebsspannung einer FPV-Kamera muss unbedingt mit der Ausgangsspannung des Kameraanschlusses am FPV-Sender übereinstimmen. Es kann vorkommen, dass dort bis zu 12 V Ausgangsspannung herrschen, die Kamera aber nur bis 5 V betrieben werden darf. Dann muss die Spannung mithilfe eines Spannungsreglers heruntergeregelt werden.

FPV-SENDER-ANTENNE

Ein FPV-Sender darf niemals ohne seine Antenne betrieben werden. Sie dient als Widerstand im Stromkreis. Ein Einschalten ohne die Antenne führt zu einem Defekt des Geräts.

Ohne eine FPV-geeignete Kamera geht nichts. Um ein Bild auch in der Luft direkt aus der Ansicht des Copters erzeugen zu können, wird eine Kamera benötigt. Nicht jede Kamera aber ist für den FPV-Einsatz geeignet. Aus diesem Grund werden spezielle FPV-Kameras eingesetzt.

FPV-Kamera Fatshark 700 TVL.

Sie sind klein und leicht, bieten ein gutes, wenn auch nicht super hochauflösendes Videobild und sind auf den FPV-Einsatz abgestimmt. Alternativ werden kleine Action-Cams benutzt. Dann ist es wichtig, dass sie einen Live-out-Ausgang besitzen.

Ist das Livebild einer Kamera vorhanden, muss es irgendwie vom Modell zum Piloten übertragen werden. Hierfür wird ein FPV-Videosender benötigt, der am Modell installiert wird und das Videobild zur Erde sendet. Der Sender selbst muss mit Strom versorgt werden, was in den meisten Fällen direkt durch den Akku geschehen kann. Die meisten FPV-Sender können bis zu einer LiPo-Zellenanzahl von 3S direkt an den Akku beziehungsweise an die Verteilerplatine gelötet oder gesteckt werden.

Wird ein Akku mit einer größeren Spannung als 11,1 V (3S) benutzt, muss entweder ein Spannungsregler zwischen den Akku und den FPV-Sender geschaltet oder ein separater 3S-Akku verbaut werden. Die Kamera muss über ein Kabel mit dem Sender verbunden sein. Kleine FPV-Kameras verfügen meist nicht über eine eigene Stromquelle wie etwa eine Action-Cam. Deshalb werden sie über den Sender mit Strom versorgt.

FPV-Sender mit Stabantenne 25 mW.

Wird das Videobild vom Modell zum Piloten gesendet, muss es durch ein Gerät empfangen werden. Diese Aufgabe hat der FPV-Empfänger. Er empfängt das vom Sender gesendete Videobild und leitet es weiter, oder der Empfänger steckt direkt in einem Monitor.

FPV-Sender mit Stabantenne.

Frequenzen und Kanäle

Der Sender und der Empfänger einer FPV-Anlage müssen kompatibel sein. Das Videosignal wird vom Sender in einer bestimmten Frequenz gesendet. Der Empfänger muss genau die Frequenz, die der Sender benutzt, empfangen können. Darauf müssen Sie bei der Auswahl und beim Kauf einer FPV-Anlage achten.

Eine FPV-Anlage nutzt verschiedene Frequenzbereiche. Diese Frequenzbereiche sind in verschiedene Bänder unterteilt (A/B/E/F), die wiederum jeweils acht Kanäle haben, auf denen die Anlagen kommunizieren. Es wäre aber sehr schlecht, wenn jeder Hersteller alle Kanäle anböte, um auf diesen zu senden. Aus diesem Grund senden die Anlagen verschiedener Hersteller auf verschiedenen Bändern des Frequenzbereichs.

Es folgt eine Tabelle mit dem gesamten 5,8-GHz-FPV-Bereichs, wobei hinzuzufügen ist, dass ein legaler Betreib der Anlage nur vom Frequenzbereich 5725 bis 5875 möglich ist. Die rot markierten Kanäle sind in Deutschland als illegal zu betrachten.

KANAL-NR.	WALKERA: A-BAND	ACME/WALKERA/ THUNDER TIGER: B-BAND	BOSCAM: E-BAND	IMMERSION RC/ FATSHARK: F-BAND
1	5865	5733	5705	5740
2	5845	5752	5685	5760
3	5825	5771	5665	5780
4	5805	5790	5645	5800
5	5785	5809	5885	5820
6	5765	5828	5905	5840
7	5745	5847	5925	5860
8	5725	5866	5945	5880

32 Übertragungskanäle im 5,8-GHz-Bereich

Insgesamt stehen also 32 Kanäle zum Senden und Empfangen des Videosignals zur Verfügung.

FREQUENZBEREICHE UND SENDESTÄRKEN

In Deutschland sind nur bestimmte Frequenzbereiche und Sendestärken zugelassen. Zuständig ist die deutsche Bundesnetzagentur. Hiernach darf eine FPV-Anlage nur innerhalb der oben beschriebenen Bänder A, B und F sowie mit lediglich 25 mW betrieben werden.

FPV-BRILLE MIT EMPFÄNGER

Manche FPV-Brillen haben einen FPV-Empfänger integriert. Auf diese Weise kann der Sendekanal direkt an der Brille eingestellt werden, und es wird kein extra FPV-Empfänger benötigt.

Eine FPV-Anlage (Sender/Empfänger) kann nicht nur im 5,8-, sondern auch im 2,4-GHz-Bereich arbeiten. Wird gleichzeitig eine 2,4-GHz-Fernsteuerung verwendet, kann es zu Störungen des Videobilds, aber auch der Fernsteuerung kommen. Deshalb ist es empfehlenswert, eine 5,8-GHz-Anlage zu benutzen. Die Leistung, mit der das Signal auf der jeweiligen Frequenz gesendet wird, berechnet sich in Milliwatt (mW).

Diese Angabe ist für den legalen Betrieb einer FPV-Anlage in Deutschland entscheidend, da nicht alle Stärken zugelassen sind. In Deutschland ist im Bereich der 2,4-GHz-Anlagen eine maximale Sendeleistung von 10 mW sowie im Bereich der 5,8-GHz-Anlagen eine maximale Sendeleistung von 25 mW zugelassen.

Hat der Empfänger das Videobild empfangen, muss es auf irgendeine Art und Weise dargestellt werden. Im Trend liegen die FPV-Brillen, die das Bild durch ein Monitorlinsensystem direkt vor die Augen spielen und so einen recht großen Blickwinkel (Sehfeld) erlauben.

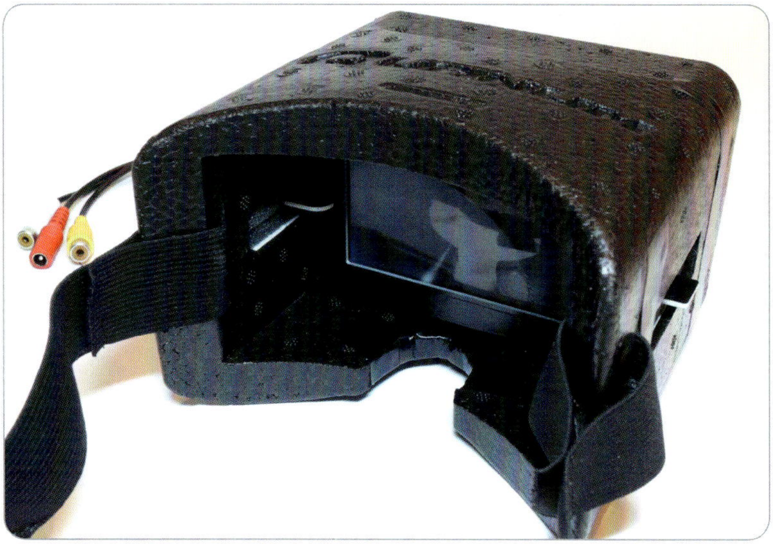

FPV-Brille als Bausatz.

Alternativ kann das Videobild auf einem Monitor dargestellt werden. Der FPV-Empfänger sowie die Videobrille/der Monitor müssen mit Strom versorgt werden, und zwar mobil und nicht an einer 230-V-Steckdose. Wenn FPV betrieben wird, befindet sich der Pilot draußen auf dem Feld und hat die 230-V-Steckdose nicht in der Jackentasche. Daher muss die Versorgung über einen LiPo-Akku gewährleistet sein. In den technischen Angaben aller Geräte steht im Regelfall immer auch die maximal mögliche Spannung oder der Spannungsbereich.

Das Verbindungsschema einer FPV-Anlage sieht wie folgt aus:

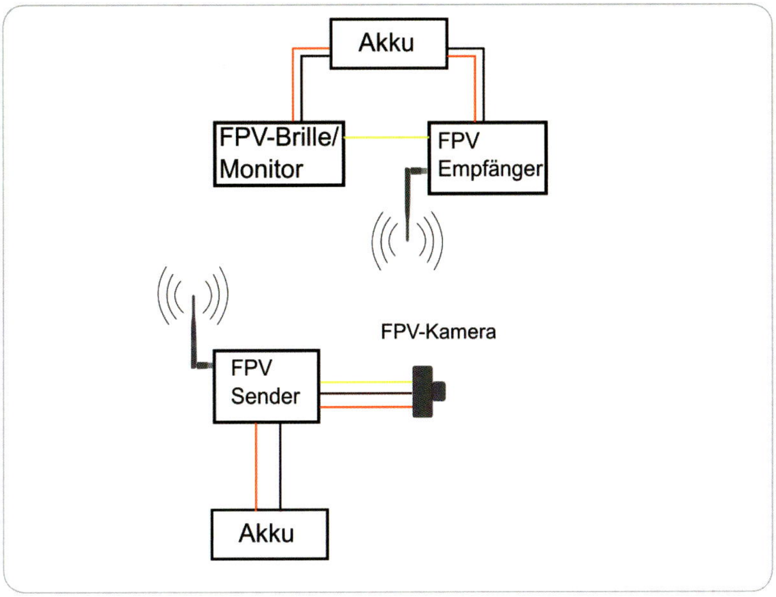

Verbindungsschema eines FPV-Systems.

Wird die Brille aufgesetzt und die Fernsteuerung zur Hand genommen, kann der Pilot das Bild der Kamera im Modell empfangen und sieht live, wie er dieses steuert.

FPV-Antennen

Die Übertragung des Videosignals vom Sender zum Empfänger ist erst möglich, wenn an beiden Geräten eine Antenne angeschlossen ist. Es gibt hauptsächlich zwei verschiedene Arten von geeigneten Antennen, die Standard-Stabantenne und die Clover-Leaf-Antenne.

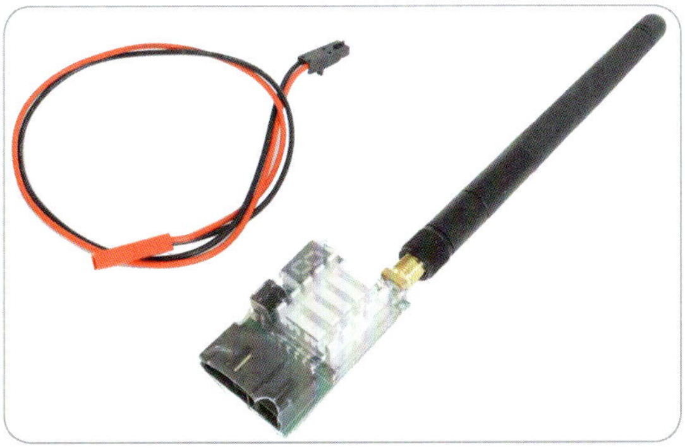

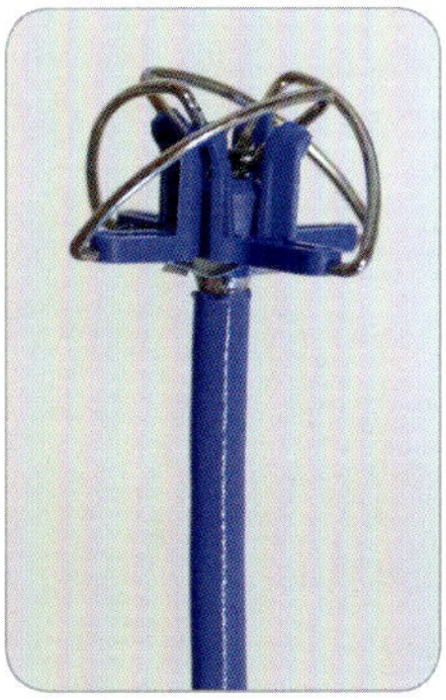

Stabantenne und Clover-Leaf-Antenne.

Der Unterschied zwischen den Antennenarten besteht vor allem im Abstrahlwinkel des Videosignals.

BAUTEILE UND ANSCHLÜSSE

Achten Sie beim Kauf der verschiedenen Bauteile, wie Sender, Empfänger, Kamera und Antennen, unbedingt auf die einzelnen Anschlüsse. Es kann vorkommen, dass diese nicht aufeinander abgestimmt sind und folglich nicht zueinander passen. Informieren Sie sich besser vor dem Kauf direkt beim Hersteller oder im Datenblatt über die Anschlüsse der Einzelkomponenten.

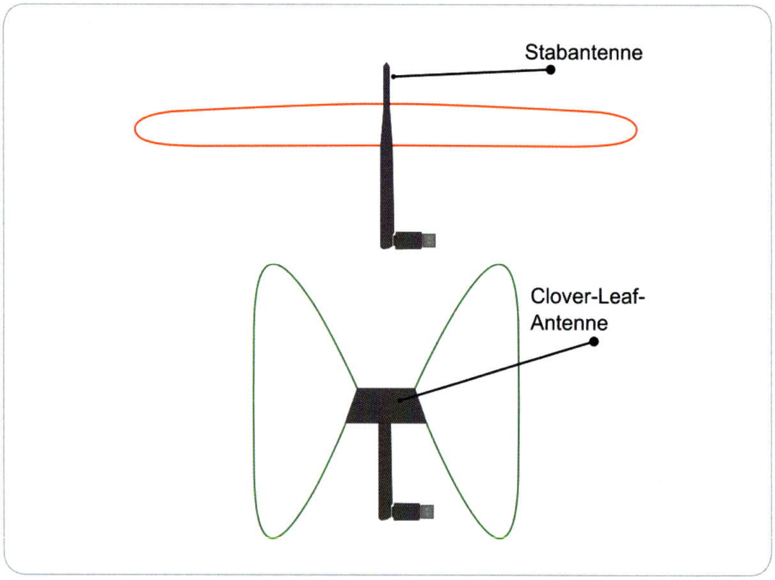

Abstrahlwinkel und -weite einer Stab- und einer Clover-Leaf-Antenne.

Wie zu erkennen ist, bietet die Stabantenne zwar eine sehr große Abstrahlweite, jedoch nur in einem sehr kleinen horizontalen Feld (Scheibe) zu den Antennenseiten. Das Bild wird also nicht weiträumig verteilt, und es können öfter Übertragungsstörungen im Videobild zu sehen sein, bis hin zum Ausfall des Bilds. Eine Clover-Leaf-Antenne hingegen hat eine geringere Abstrahlweite, dafür aber einen sehr großen Abstrahlwinkel.

Das Überlappen des Sendewinkels mit dem Empfangswinkel des Empfängers ist bei Clover-Leaf-Antennen besser gegeben als bei Stabantennen, die optimal zueinander ausgerichtet sein müssen. Clover-Leaf-Antennen werden aber meistens nur separat angeboten und müssen zusätzlich zur FPV-Anlage gekauft werden.

OSD

Ein OSD (*On Screen Display*) ist ein elektronisches Bauteil zum Einspielen von Livedaten in ein Videobild.

Ein OSD (*On Screen Display*) überlagert das Livebild der FPV-Cam mit einer Informationsschicht aus Daten des Flightcontrollers. Das OSD wird zwischen die FPV-Cam und den FPV-Sender geschaltet.

Es gibt generell zwei verschiedene Typen von OSDs. Zum einen bekommen wir für viele Flightcontrollersysteme ein OSD, das mit diesem direkt verbunden werden kann. Der Vorteil liegt ganz klar darin, dass die OSD-Einheit keine eigenen Sensoren benötigt und die Daten des Flightcontrollers in das Livebild einspielen kann. Von Nachteil ist sicher, dass das OSD nur mit dem Flightcontroller und oft sogar nur mit einem bestimmten System (Naza, MultiWii, APM etc.) funktioniert.

Zum anderen bekommen wir auch OSDs, die mit eigenen Sensoren ausgestattet sind und diese zum Einspielen in das Video benutzen. Vorteil eines solchen OSD ist, dass es unabhängig von einem Flightcontroller benutzt werden kann. Nachteile sind sicherlich der immens höhere Preis, da alle Sensoren nochmals vorhanden sind, sowie das dadurch entstehende Mehrgewicht, das mit berechnet werden muss.

Je nach Ausstattungsgrad des am OSD angeschlossenen Flightcontrollers (Sensoren) oder des OSD selbst stellt es im Livebild am Beispiel einer Multicopterdrohne folgende Daten bereit:

- Flugzeit
- Akkuspannung
- bisher verbrauchter Strom (Ampere)
- aktueller Stromverbrauch
- Flughöhe
- Fluggeschwindigkeit
- Entfernung zum Startplatz
- Richtung zum Startplatz
- Anzahl der GPS-Satelliten
- aktueller Flugmodus
- GPS-Position
- Fluglage (virtueller Horizont)
- Sink- oder Steigrate

OSD zum Anschluss an ein APM-System.

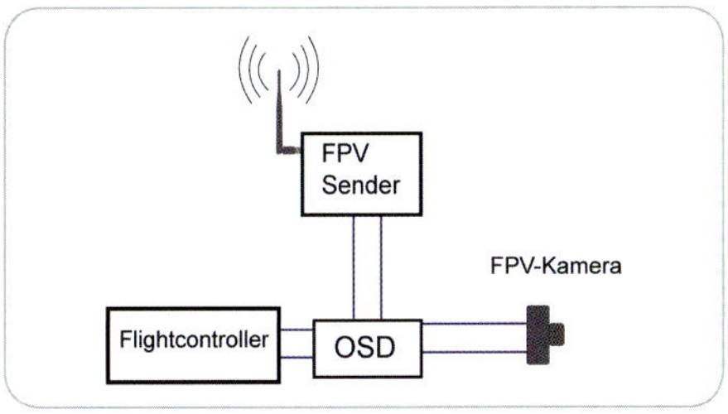

Verbindungsschema eines OSD.

Um während des Flugs viele Informationen über das Fluggerät und seine Lage live in einem Bild zu erhalten, ist also ein OSD genau das Richtige. Das Wichtigste ist, dass Sie die aktuelle Akkuspannung, den bisher verbrauchten Strom sowie die »Richtung nach Hause« immer im Blick haben.

Zusammenfassend lässt sich sagen, dass bei der Anschaffung einer FPV-Anlage auf Folgendes zu achten ist:

- Sendeleistung des Senders bis maximal 25 mW/5,8 GHz, 10 mW/2,4 GHz.
- Passen die Frequenzbereiche (Kanäle) meines Senders und meines Empfängers zusammen?
- Stimmt die Ausgangsspannung des FPV-Senders mit der Betriebsspannung der FPV-Kamera überein?
- Stimmt die Spannung des Akkus mit der Betriebsspannung des FPV-Senders überein?
- Stimmt die Spannung des Akkus für FPV-Brille und -Monitor mit deren Betriebsspannung überein?
- Passen alle Stecker und Anschlüsse des Senders, des Empfängers, der Antenne und der Kamera zusammen?
- Genügt eine Standard-Stabantenne, oder benötige ich eine Clover-Leaf-Antenne?

Solarzellen zum Laden des Akkus

Einzelne Solarzellen.

Eine weitere Möglichkeit, eine Roverdrohne zu tunen, ist der Einsatz einer Solaranlage, auch Fotovoltaikanlage genannt. Sie kann dafür sorgen, dass der Akku eines Rovers länger hält, indem sie ihn während der Fahrt entlastet und im Stillstand wieder auflädt. Aber wie funktioniert so seine Solaranlage, warum erzeugt sie Strom, und auf was muss ich achten, wenn ich mir selbst eine Solaranlage bauen möchte? Alles Fragen, die es zu klären gilt, bevor man sich an ein Solarprojekt heranwagt.

DER FOTOEFFEKT

Der Fotoeffekt wurde 1839 vom französischen Physiker Alexandre-Edmond Bequerel (dem Sohn des Namensgebers der radioaktiven Aktivitätseinheit) entdeckt, indem er bei einem Experiment mit Platinelektroden zufällig feststellte, dass die Stromstärke der Schaltung zunahm, wenn er die Lichtbestrahlung des experimentalen Aufbaus erhöhte.

Grundlage: Der Fotoeffekt

Wie entsteht der Strom in einer Solarzelle? Der Name dieses Systems, also der Fotovoltaikanlage, kommt nicht von ungefähr, sondern bezeichnet den physikalischen Zusammenhang beziehungsweise den zugrundeliegenden Effekt.

Der Fotoeffekt bewirkt, dass sich einzelne Elektronen aus einer metallenen Oberfläche herauslösen können, wenn Photonen (Lichtteilchen von der Sonne) darauf treffen.

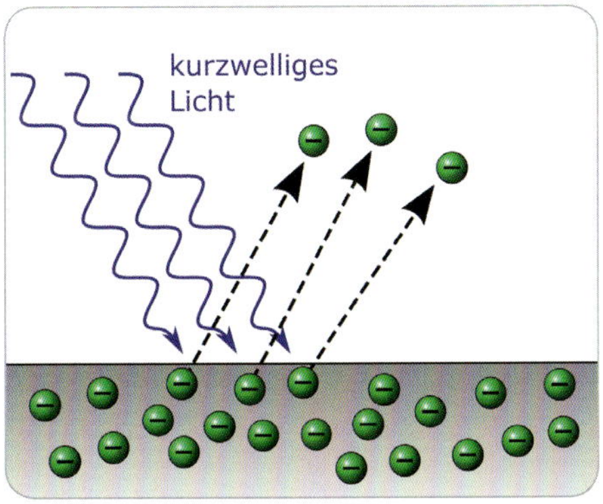

Herauslösen von Elektronen in einer Metallschicht durch auftreffende Photonen (äußerer Fotoeffekt).

Es gibt den äußeren (die Elektronen lösen sich komplett aus der Schicht) und den inneren Fotoeffekt (die Elektronen verbleiben als freie Ladungsträger in der Schicht). Der innere Effekt ist es, der es ermöglicht, dass ein Strom in dem Metall fließen kann, indem er den elektrischen Widerstand der Metallschicht verändert.

Wie funktioniert eine Solarzelle

So viel zu physikalischen Grundlagen, wenn eine Solarzelle Strom liefert. Wie funktioniert die Solarzelle aber im Detail? Eine komplette Beschreibung von den verschiedenen Dotierungen über das gesamte Elektronen-Bändermodell bis zur Direkt- und Diffusstrahlung kann im Rahmen dieses Buchs leider nicht gegeben werden. Dafür stehen umfangreiche Lehrbücher zum Thema Solartechnik und fotovoltaischer Effekt zur Verfügung. Wir benötigen an dieser Stelle einen groben Überblick über den Aufbau und die generelle Funktionsweise der Solarzelle.

Obwohl eine Solarzelle lediglich circa 1/13 mm dick ist, hat sie verschiedene Schichten.

ANTIREFLEXSCHICHT EINER SOLARZELLE

Die Antireflexschicht einer Solarzelle verhindert, dass die Photonen an der Oberseite der Zelle gespiegelt (zurückreflektiert) werden und einfach wieder den Rückzug antreten, ohne ihre Arbeit verrichtet zu haben, nämlich ein Elektron aus der Metallschicht zu schießen.

HALBLEITERMATERIAL

Solarzellen bestehen aus einem extrem dünnen Halbleitermaterial namens Silizium. Halbleiter sind Elemente unseres Periodensystems in einer Zwischenzone zwischen den Metallen und den Nichtmetallen. Sie haben eine besondere Eigenschaft: Bei Raumtemperatur sind Halbmetalle nicht leitend, werden sie jedoch erwärmt, nimmt die elektrische Leitfähigkeit zu. Genau diese Eigenschaft macht sie für die nach ihnen benannte Halbleitertechnologie und die gesamte Elektronik so interessant.

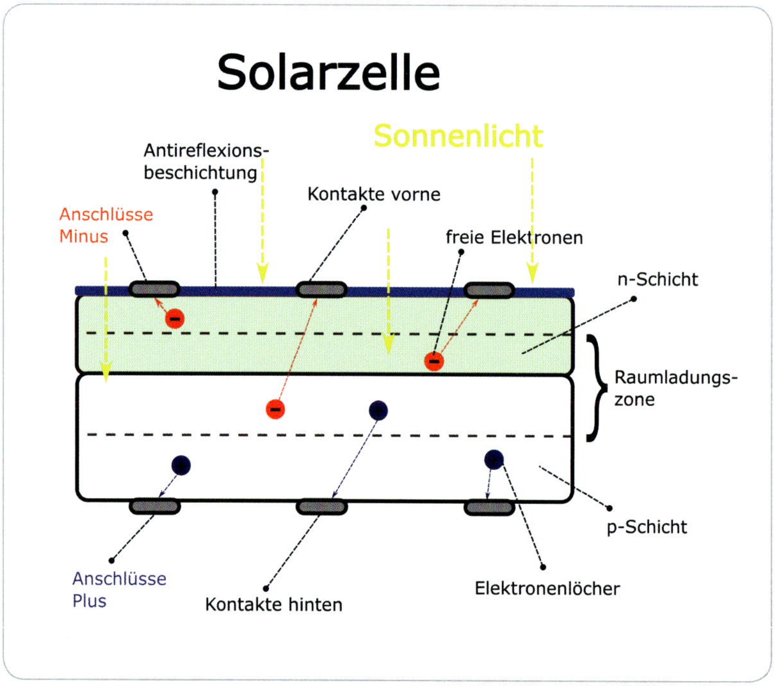

Aufbau einer Solarzelle.

Wie wir erkennen können, besteht die Zelle aus fünf verschiedenen Schichten:

- obere Kontaktschicht
- Antireflexschicht
- N-Schicht
- Raumladungszone (Übergangsschicht)
- P-Schicht
- Rückkontaktschicht

Strom erzeugt die Solarzelle aufgrund des fotovoltaischen Effekts. Sonnenstrahlen (Photonen) treffen auf die Solarzelle und lösen dort in der Übergangsschicht Elektronen aus dem Metallgefüge. Es entstehen ein freies Elektron (negativ) und ein Elektronenloch (positiv). Die Elektronen wandern nach oben an die oberen Frontkontakte (negativer [-] Anschluss) und die Elektronenlöcher an die Kontakte an der Unterseite (positiver [+] Anschluss). Es entsteht also eine Ladungstrennung zwischen den beiden Anschlüssen oben und unten.

Wenn ein Verbraucher, also eine Lampe, ein Motor oder Ähnliches, zwischen die beiden Anschlüsse geschaltet wird, kann sich das elektrische Potenzial ausgleichen, indem ein Stromkreis entsteht, der Strom fließt, die Elektronen vom Minuspol wieder zum Pluspol wandern und zum Beispiel einen Motor antreiben.

Wird jedoch ein Akku dazwischengeschaltet, kann er mit der elektrischen Energie aufgeladen werden, denn im Akku geschieht im Grunde genau das Gleiche wie beim Aufladen in der Solarzelle: Die Ladungen werden voneinander getrennt.

Solarzellen kommen mittlerweile in vielen Bereichen unseres täglichen Lebens sowie in der Industrie und in der Forschung vor. Besonders in der Raumfahrt jedoch sind sie nicht mehr wegzudenken und erfüllen einen sehr wichtigen Zweck: Sie liefern die Energie, die notwendig ist, um einen Satelliten oder eine Raumkapsel mit Energie zu versorgen.

Solarpanels an der Dragon-Raumkapsel des Raumfahrtunternehmens SpaceX.

Berechnung und Auslegung eines Solarsystems

Wir wissen nun also, wie eine Solarzelle aufgebaut ist und weshalb sie elektrische Energie liefern kann. Wie aber sind komplette Solaranlagen aufgebaut, wie werden sie berechnet, und wie baue ich selbst ein Solarmodul? Zunächst einmal ist es wichtig, zu wissen, welche Spezifikationen oder Parameter eine einzelne Solarzelle hat. Solaranlagen bestehen nämlich zu 90 % immer aus Einzelzellen einer bestimmten Größe.

Das ist sozusagen der Grundbaustein einer kompletten Solaranlage. Diese Zellen können natürlich auch zerteilt werden, was es ermöglicht, andere Spannungen oder Ströme zu erreichen, als wenn die Zelle am Stück verbaut würde. Jedoch ist solch eine Zelle erst einmal die Grundlage.

Sie ist (je nach Hersteller) zwischen 120 × 120 mm und 160 × 160 mm groß, hat meist eine Nennspannung von 0,5 V und zwischen 6 und 8 A. Es besteht jedoch das Problem, dass die meisten Geräte oder elektrischen Systeme eine höhere Spannung als 0,5 V benötigen. Zu diesem Zweck werden mehrere Solarzellen zusammengeschaltet. Werden die Zellen hintereinander in Reihe geschaltet, addieren sich die einzelnen Spannungen der Zellen. Dies wird auch String genannt. Werden die Zellen parallel geschaltet, bleibt die Spannung auf dem Niveau einer einzelnen, jedoch addieren sich die Ströme.

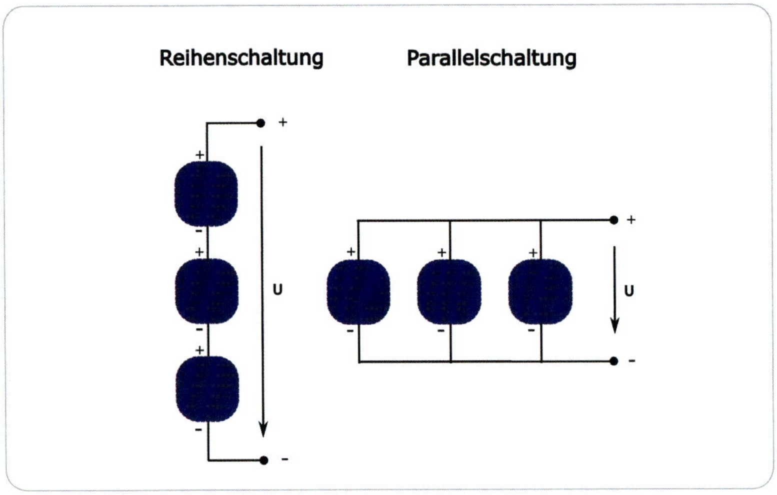

Solarzellen in einer Reihen- und in einer Parallelschaltung.

Möchte man also beispielsweise eine Netzspannung für den Betrieb von 12-V-Geräten bei 6 A Stromstärke aufbauen, muss man 24 Einzelzellen mit je 0,5 V und 6 A hintereinander in Reihe schalten.

Bypassdiode

Beim Zusammenschalten mehrerer Solarzellen besteht jedoch auch eine mehr oder weniger große Gefahr der Verschattung einzelner Zellen. Wieso mehr oder weniger? Es kommt immer darauf an, wie die Zellen verschaltet sind. Wird in einer Parallelschaltung eine Solarzelle zur Hälfte verschattet, bleibt die Gesamtspannung gleich, und die Stromstärke sinkt um den halben Faktor einer Zelle ab. Bei vier Zellen mit 0,5 V und 6 A bedeutet das in Zahlen:

- volle Einstrahlung - 0,5 V × 24 A = 12 W
- eine zur Hälfte verschattet - 0,5 V × 19 A = 9,5 W

Bei einer Reihenschaltung sieht das leider ein wenig anders aus. Da die Zellen hintereinandergeschaltet sind, muss der Strom durch jede Zelle komplett hindurch. Was passiert, wenn eine Zelle zur Hälfte verschattet ist? Die drei anderen Zellen versuchen, ihren Strom durch die verschattete Zelle zu drücken, obwohl diese selbst nur noch die Hälfte ihrer Leistung bringen kann. Durch diesen Potenzialunterschied entstehen an der verschatteten Zelle eine negative Spannung und ein sogenannter Hotspot.

Die Zelle heizt sich auf und wird im schlimmsten Fall zerstört. Wie sieht es in diesem Fall mit der Leistung der gesamten Anlage aus? Bei einer Reihenschaltung hängt die gesamte Leistung immer vom schwächsten Glied ab, die Spannung einer verschatteten Zelle bleibt in etwa gleich und sinkt nicht dramatisch, der Strom geht jedoch rapide zurück. In Zahlen bedeutet das Folgendes:

- volle Einstrahlung - 2 V × 6 A = 12 W
- zur Hälfte verschattet - 2 V × 3 A = 6 W

Die gesamte Leistung sinkt also auf die Hälfte, während bei der Parallelschaltung lediglich 21 % verloren gingen. Bei einer Reihenschaltung ist eine sogenannte Teilverschattung also ein echtes Problem. Wie verhindere ich, dass die Gesamtleistung so rapide abfällt, wenn nur eine Zelle teils verschattet ist? Dieses Problem wird mit einer sogenannten Bypassdiode gelöst.

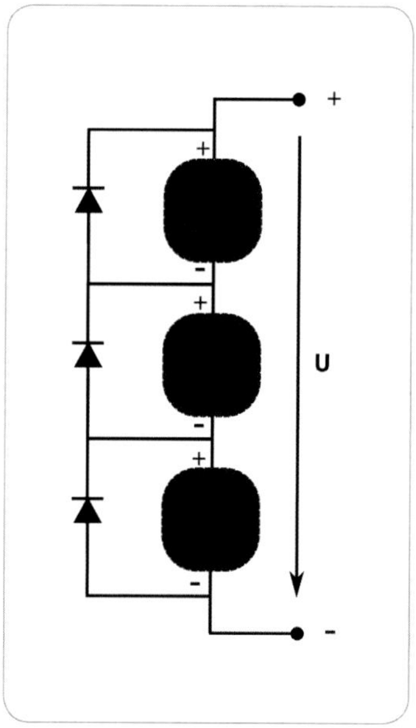

Reihenschaltung mit Bypassdioden.

Die Bypassdiode wird je nach Stringlänge zu je einer oder mehreren Zellen parallel gelötet. Das verhindert im Fall einer Verschattung und der daraus resultierenden negativen Spannung an dieser Zelle, dass der gesamte Strom durch die verschattete Zelle gedrückt wird, stattdessen wird er um die eine Zelle herumgeleitet.

Nun wissen wir, wie wir eine Solaranlage aufbauen müssen, um verschiedene Spannungen oder Stromstärken zu erhalten, und auch, wie wir die Anlage schützen, sollte einmal in einer Reihenschaltung eine Zelle verdunkelt werden.

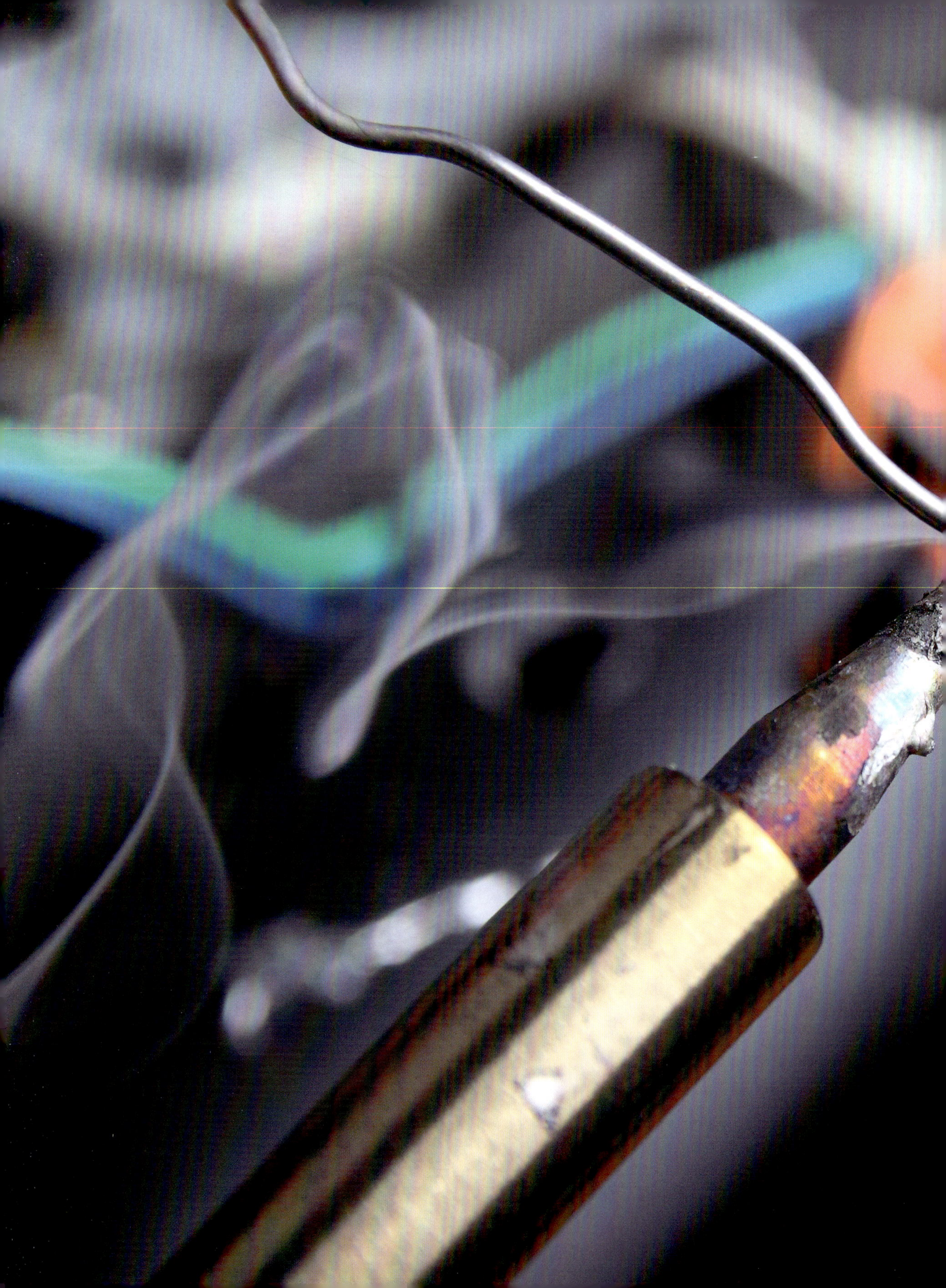

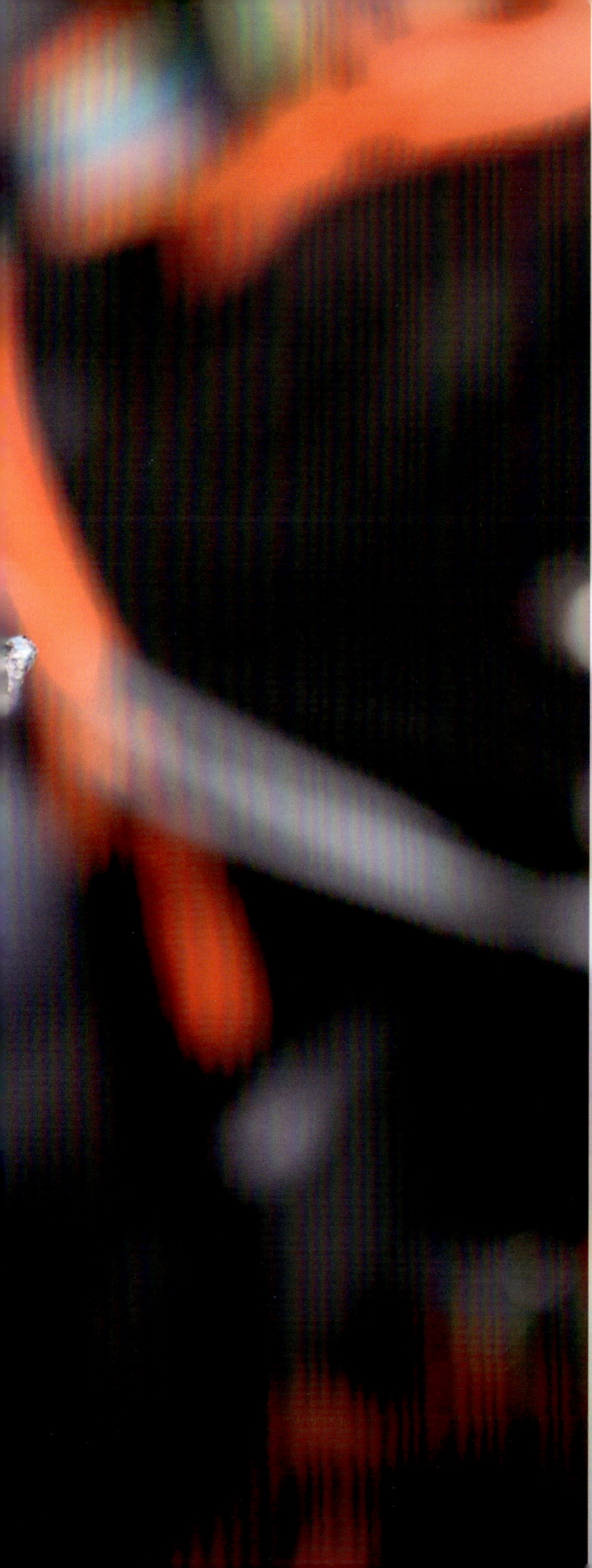

3

STUFE 1: GRUNDKONSTRUKTION

BAU EINER ROVERDROHNE

Das große Bauen, Schrauben und Basteln kann endlich losgehen. Holen Sie die Lötkolben aus der Station, legen Sie die Schraubenschlüssel zurecht und laden Sie den Akkuschrauber auf, denn jetzt beginnen wir mit dem Bau unserer eigenen Roverdrohne - und das soll vor allem eins machen: Spaß!

Was der Rover alles können soll

Zu Beginn unseres Roverdrohnenprojekts müssen wir uns erst einmal Gedanken darüber machen, was unsere fahrende Drohne alles können soll. Es gibt unzählige Möglichkeiten, Teile anzubauen, Kameras zu installieren und Sensoren für die Steuerung zu verwenden. Aus diesem Grund wird unser Roverprojekt in drei Teile, nennen wir sie Bauabschnitte, gegliedert. Im ersten Abschnitt wollen wir ein einfaches RC-Auto zu einer Roverdrohne umbauen. Hierfür benötigen wir lediglich drei Dinge:

- ein RC-Auto als Grundgerüst,
- einen Flightcontroller (mit GPS und Telemetrie) sowie
- eine einfache Fernsteuerung mit mindestens sechs Kanälen.

Wir benötigen also keine Unmengen von Sensorik, Motoren, Getrieben und Steuerelektronik, sondern greifen einfach auf ein fertig gebautes RC-Auto zurück, das wir umbauen, sowie auf die Steuereinheit eines Multicopters, die schon alle nötigen Sensoren an Bord hat. Ein Ultraschallsensor für solch eine Roverdrohne ist natürlich auch eine Option, um dem Fahrzeug noch mehr Autonomie zu geben. Mit diesem geringen Bauteilarsenal können wir schon einiges anstellen und einen programmierbaren und autonomen Fahrzeugroboter bauen.

Der zweite Bauabschnitt ist ganz der Themenwelt des FPV-Steuerns (*First Person View*) gewidmet. Eine wirklich tolle Sache ist es nämlich, wenn man seinen Rover so steuern kann, als würde man selbst hinterm Lenkrad sitzen. Wie wäre es mit einer Fahrt über die grüne Wiese, durch den blättrigen Wald oder über holprige Feldwege? Das wird sicher ein cooles Fahrerlebnis. Was braucht es also, um die Roverfahrt aus dem Cockpit erleben zu können?

Es kommt vor allem darauf an, wie umfangreich der Rover mit Kameras bestückt werden soll. In unserem Roverdrohnenprojekt wollen wir auf jeden Fall eine Action-Cam in Fahrtrichtung montieren, um das Livebild zu erhalten und das Geschehen gleichzeitig aufnehmen zu können. Von Vorteil wäre es natürlich, unsere FPV-Roverwelt nicht nur in Fahrtrichtung zu sehen, sondern auch einen Blick nach hinten werfen zu können.

ACHT-KANAL-FERNSTEUERUNG

Bei der Auswahl der Fernsteuerung sollten Sie unbedingt beachten, dass diese genug Kanäle für Ihre Anwendungen zur Verfügung stellt. Wenn Sie lediglich den ersten Bauabschnitt dieses Buchs nachbauen möchten, genügt eine Sechs-Kanal-Fernsteuerung. Für das FPV-Tuning in Baukapitel 2 wird allerdings eine Fernsteueranlage mit acht Kanälen benötigt.

Um in der Dunkelheit keinen Crash zu bauen und den Rover gegen die Wand zu setzen, benötigen wir natürlich auch etwas Licht.

Ganz spektakulär wäre es, wenn wir unseren Lichtstrahler ausschalten und mit einer Nachtsichtkamera in die Tiefe der Dunkelheit blicken könnten. Es macht sicher Spaß, mit der FPV-Brille auf dem Kopf oder dem Monitor im Blick mit unserer selbst gebauten Roverdrohne auf die große Reise durch Tag und Nacht zu gehen, also versuchen wir es. Aber welches Equipment ist hierfür erforderlich?

Zunächst benötigen wir die Basisausrüstung einer FPV-Anlage. Dazu gehören eine FPV-Kamera, ein Videosender, ein Videoempfänger und entweder eine FPV-Brille oder alternativ ein kleiner Monitor. Das sind die vier Hauptkomponenten, die wir auf jeden Fall für das FPV-Tuning benötigen. Wie wir bereits geklärt hatten, sollen auch eine Action-Cam, eine Nachtsichtkamera und ein Scheinwerfer angebracht werden.

Wenn wir uns vorstellen, wie wir via FPV mit unserem Rover umherdüsen, wünschen wir uns, dass wir unsere Action-Cam auch bewegen können. Deshalb wird sie nicht direkt auf einer Platte oder Ähnlichem befestigt, sondern wir bauen dafür ein einfaches Kamera-Gimbal an den Rover, sodass wir die Cam auch drehen können.

Wir gehen davon aus, dass wir später drei verschiedene Kameras für unser FPV-System benutzen möchten. Wir brauchen also noch einen kleinen Schalter (Switch), mit dem wir die Bilder jeder der drei Kameras auf unseren Monitor bekommen. Für den zweiten Bauabschnitt an unserer Roverdrohne, das FPV-Tuning, benötigen wir daher folgende Teile:

- FPV-Sender
- FPV-Empfänger
- FPV-Brille/-Monitor
- Action-Cam
- Gimbal für Action-Cam
- FPV-Kamera (Rückansicht)
- Nachtsichtkamera
- Scheinwerfer
- Kameraswitch

Geländetauglicher Rock-Crawler mit großem Radstand.

Der dritte Bauabschnitt unseres Roverprojekts widmet sich der erneuerbaren Energie. Im Detail wollen wir unseren Akku nicht mehr am Ladegerät, sondern mithilfe von Solarzellen aufladen. Um das direkt am Rover, sozusagen live, machen zu können, benötigen wir eine Solaranlage, bestehend aus mehreren Solarzellen, die auf dem Rover montiert sind - eine tolle Sache, den Rover mithilfe der Sonne zu laden und durch das Laden nebenbei während des Betriebs an sonnigen Tagen auch die Fahrzeit erheblich zu erhöhen. Was benötigen wir, um unsere Vision der solarangetriebenen Roverdrohne zu realisieren? Die Grundlage des Solartunings ist natürlich die Solaranlage beziehungsweise die einzelnen Solarzellen selbst.

An die Grundversion unser Roverdrohne haben wir bereits einige Anforderungen gestellt. So möchten wir auf jeden Fall, dass der Rover mit einem Flightcontroller bestückt wird, der es ermöglicht, ihn mithilfe von GPS und weiterer Sensoren auch automatisch zu steuern. Dazu wird vorher eine Route festgelegt, die die Roverdrohne dann autonom abfahren soll. Die Daten des Fahrzeugs möchten wir live am Notebook mitverfolgen können. Dazu brauchen wir eine Telemetrieanlage.

BAUTEILE, OHNE DIE NICHTS GEHT

Als grundlegende Komponenten benötigen wir einen Rover und einen Flightcontroller, der verschiedene Flug- und Fahrtypen unterstützt, darunter ein sogenanntes Groundvehicle, also ein Bodenfahrzeug. Der Rover soll natürlich nicht bei der kleinsten Bodenunebenheit stehen bleiben oder gegen einen Bordstein crashen und sich in alle Einzelteile zerlegen, deshalb wählen wir für das Projekt einen stabilen und großen Rock-Crawler. Der Name ist Programm, denn der hohe Radstand, die großen Räder und der enorm große Federweg machen solch einen Rover komplett geländetauglich. Dabei muss klar sein, dass ein Crawler dieses Typs kein Formel-1-Rennwagen ist und somit eher gemächlich durch die Landschaft »krabbelt«.

Rock-Crawler und Flightcontroller

Wer eher auf großen Parkplätzen oder generell ebenen Untergründen fahren möchte, kann sich natürlich auch für einen schnelleren Buggy oder sogar ein Onroad-Fahrzeug entscheiden. Wir setzen für dieses Projekt

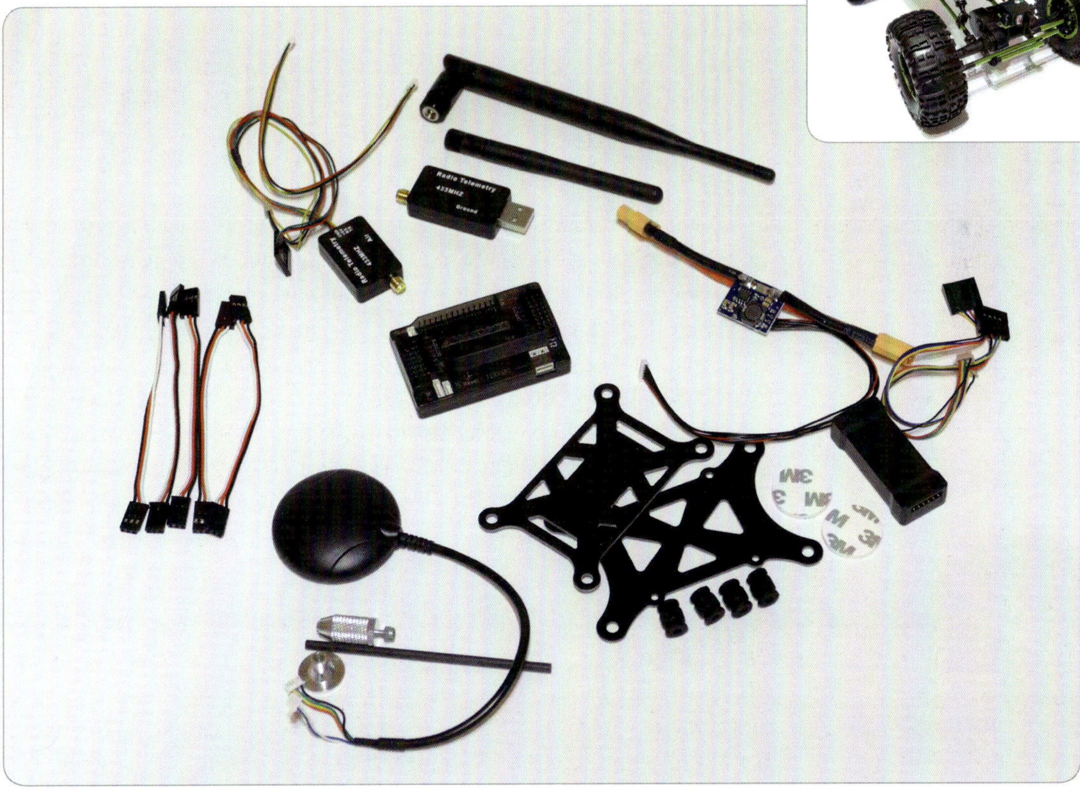

Grundbestandteile der Roverdrohne - Rock-Crawler und Flightcontroller mit GPS und Telemetrie.

einen großen Crawler wie beispielsweise den Amewi Spirit und einen fahrzeugfähigen Flightcontroller mit GPS und Telemetrie ein. Dazu eignet sich das Komplettsystem ArduPilot Mega (APM) 2.6 mit GPS und Telemetrie.

Großer Lithium-Polymer-Akku

Da wir den Rock-Crawler nicht im vorgesehenen Modus benutzen werden, sondern weitere Strecken fahren und mehrere elektronische Bauteile mit dem Akku versorgen müssen, benötigen wir auch einen größeren Akku. Am besten geeignet ist ein großer Lithium-Polymer-Akku.

Acrylglasplatte für den Aufbau

Um alle Bauteile an dem Rover richtig befestigen zu können, müssen wir eine Trägerplatte auf das Rovergestell schrauben. Darauf können wir unsere Teile komplett horizontal befestigen. Hier eignen sich vor allem Kunststoffplatten. Für das Roverprojekt ist eine Acrylglasplatte (Plexiglas) von 4 mm Dicke im Einsatz.

Alternativ können auch andere feste Kunststoffe verwendet werden. Bei der Form dieser Platte sind wir etwas eingeschränkt, da die Räder des Crawlers durch den Stoßdämpferaufbau sehr beweglich sind und beim Abfedern sehr weit nach oben reichen. Aus diesem Grund schneiden wir die Platte länglich. Die Platte wird so lang sein, dass sie einmal komplett über das Rovergestell reicht.

Diese Länge ist nötig, um im zweiten Schritt das FPV-Equipment unterbringen zu können. Wer also nach dem ersten Bauabschnitt keine weiteren Bauteile mehr anbringen möchte, kann die Platte auch etwas kürzer halten.

Faktoren für die Fernsteuerung

Bei der Auswahl der Fernsteuerung müssen ein paar Rahmenbedingungen beachtet werden. In der nachfolgenden Tabelle ist nur der entsprechende Empfänger aufgeführt, den wir in Verbindung mit einer 9-Kanal-FlySky Th9x benötigen. Wenn Sie zuvor schon Modellbau betrieben haben, besitzen Sie sicher eine eigene Fernsteuerung und müssen sich lediglich zu dieser einen Extraempfänger bestellen.

Holz- und Maschinenschrauben

Was wir noch zum Bau unserer Roverdrohne benötigen, sind M3-Schrauben für den Holzeinsatz und »normale« Maschinenschrauben.

NR.		BEZEICHNUNG	EINZEL-PREIS	ST.	GESAMT-PREIS
1		Crawler Amewi Spirit Brushed	200 Euro	1	200 Euro
2		Flightcontroller APM 2.6 + 433 Telem.	80 Euro	1	80 Euro
3	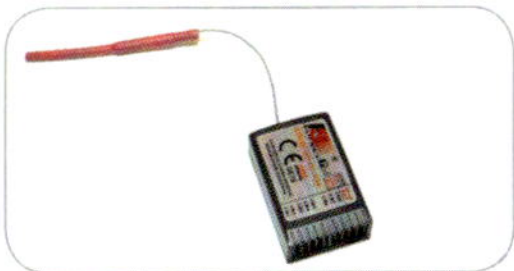	Empfänger FlySky FS-R9B	17 Euro	1	17 Euro
4	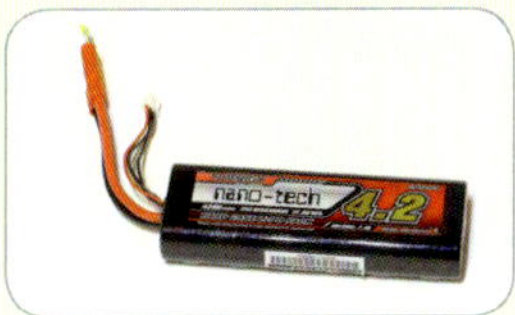	LiPo-Akku Turnigy nano-tech 4200 mAh 2S 25C Hardcase	18 Euro	1	18 Euro
5	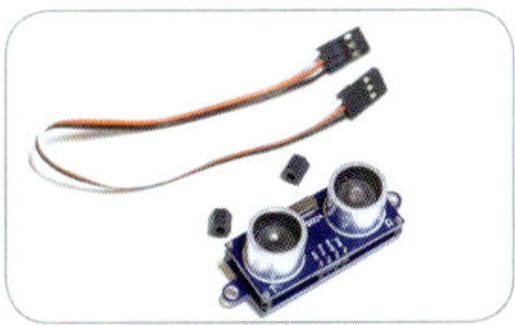	Ultraschall Sensor für APM	12 Euro	1	12 Euro
6		LiPo-Checker	3 Euro	1	3 Euro
7		XT60 1 Paar	5 Euro	1	5 Euro
		Servokabel-verlängerung 15 cm	4 Euro	1	4 Euro
8		Holz und Kunststoff	5 Euro	1	5 Euro
			Summe		**344 Euro**

BAUPHASE SCHRITT FÜR SCHRITT

In der Bauteilliste finden Sie alle Teile zum Bau der Roverdrohne in der ersten Bauphase. Sie beinhaltet auch einen extra für das Projekt ausgewählten Lithium-Polymer-Akku. Um diesen vor einem Ausflug ins Grüne oder auf den großen Parkplatz laden zu können, wird ein dafür geeignetes Ladegerät benötigt. Es ist hier nicht direkt aufgeführt, da wie bei der Fernsteuerung schon viele Modellbauer ein eigenes besitzen.

Grundlegende Vorarbeiten

Nun können wir mit der Grundversion, dem ersten Bauabschnitt, unserer Roverdrohne beginnen.

1. Als Erstes nehmen Sie die Haube des Autos ab, indem Sie die vier Splinte an den Außenseiten entfernen, und schauen sich das Ganze näher an.

Rover mit abgenommener Haube.

Stoßdämpfer scheuern an den Motorkabeln.

Zuerst fällt bei dem vorgefertigten Crawler etwas auf. Die Kabelanschlüsse der Motoren sitzen überaus ungünstig, da sie beim Abfedern der Stoßdämpfer durch das umliegende Gestänge abgerieben werden.

2 Das können wir so natürlich nicht lassen und müssen die Stoßdämpfer etwas höher setzen. Der Hersteller hat das an der Konstruktion vorgesehen, sodass Sie einfach nur die Stifte am unteren Ende der Stoßdämpfer entfernen und die Halterung an der Lochstange entlang in das oberste Loch verschieben können. Zuerst entfernen Sie an allen vier Stoßdämpfern die Stifte. Das gelingt Ihnen am besten mithilfe eines dünnen Dorns und einer kleinen Zange.

Den Haltestift am unteren Ende der Stoßdämpfer entfernen.

3. Nun können Sie den Stoßdämpfer an der Stange verschieben. Dann setzen Sie den Stift wieder so ein, dass er durch das oberste Loch gesteckt werden kann.

Stoßdämpfer, befestigt im obersten Loch.

Die Umbauarbeiten starten

Das ist der Punkt, an dem Sie mit dem eigentlichen Umbau des Rovers beginnen. Zunächst entfernen Sie den standardmäßig eingebauten Empfänger, da er lediglich mit der mitgelieferten Pistolenfernsteuerung funktioniert, jedoch keine zusätzlichen Kanäle für das Umschalten der Fahrmodi bereitstellen kann.

1. Dazu schrauben Sie die Antennenhalterung des Empfängers am Rahmen ab, ziehen die Servostecker des ESC und des Servos ab und nehmen den Empfänger von der Platte. Das geht sehr leicht, da der Empfänger lediglich mit doppelseitigem Klebeband befestigt ist.

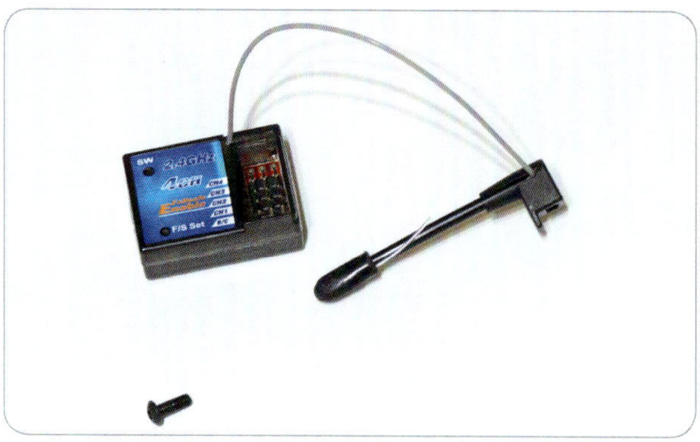

Abbau der werkseitigen Empfangsanlage.

2 Der vorgefertigte Rover bietet leider keine großen Flächen, um weitere Bauteile anzubringen. Um die gesamte Elektronik wie Flightcontroller und GPS-Modul auf dem Rover montieren zu können, müssen Sie eine Trägerplatte auf der Gesamtkonstruktion montieren, um die Teile dort anbringen zu können. Hierfür verwenden Sie eine Kunststoffplatte (Plexiglas) von 5 mm Dicke und schneiden sie auf die Maße 90 × 415 mm zu.

Um die Platte auf dem Rover zu befestigen, schneiden Sie vier kleine Holzklötzchen zu, die Sie innen an den Rahmen schrauben, um dort die Platte von oben aufsetzen und festschrauben zu können. Die Klötzchen schneiden Sie auf die Maße 15 × 20 × 22 mm zu. Dann schneiden Sie eine längere Holzstrebe zurecht, um später an der Vorderseite der Trägerplatte den Ultraschallsensor montieren zu können. Die Platte hat die Maße 15 × 20 × 90 mm.

Anbauklötze für die Trägerplatte.

HOLZBAUTEILE VORBOHREN

Bei der Befestigung von Bauteilen aus Holz kann es sinnvoll sein, die Stelle, an der die Schraube hineingedreht werden soll, vorzubohren. Je nach Faserdichte reißt das Holz komplett, wenn eine Schraube in das volle Holz gedreht wird.

3. Zunächst befestigen Sie die längere Strebe an einem Ende der Platte. Hierfür setzen Sie diese bündig an die Frontseite und zeichnen die Mitte des Balkens an. Auf beiden Seiten bohren Sie mit einem 3er-Bohrer erst einmal durch die Kunststoffplatte. Danach bohren Sie mit einem 2er-Bohrer dementsprechend zwei Löcher in der Holzleiste vor und schrauben die Leiste mit zwei Schrauben an.

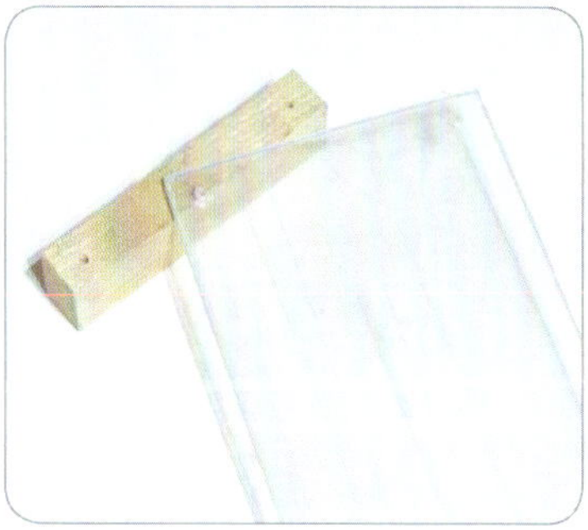

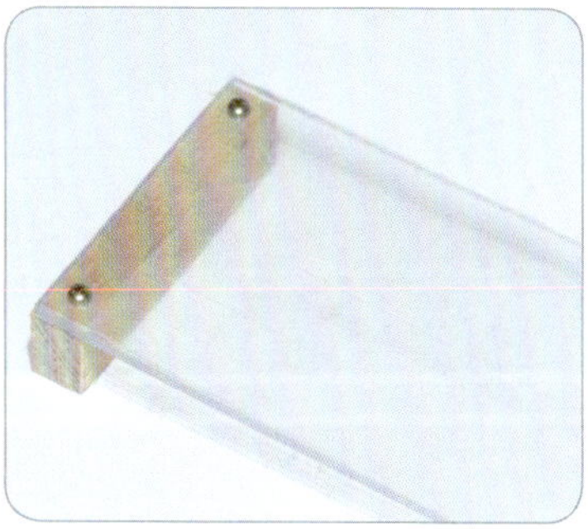

Anbringen der Holzleiste zur Befestigung des Ultraschallsensors.

4. Jetzt befestigen Sie die vier Holzklötze, die die Trägerplatte am Rahmen halten sollen. Zuerst legen Sie die Platte auf den Rahmen, so wie sie später befestigt werden soll. Dann wird ein Klotz innen an den Rahmen gesetzt, sodass die Platte ein paar Millimeter über den Rahmen steht. Danach bohren Sie mit einem 2er-Bohrer durch das äußerste freie Rahmenloch das Holz wieder vor.

Holzklotz durch den Rahmen vorbohrt.

Das machen Sie mit allen vier Klötzchen und schrauben sie dann am Rahmen fest.

Alle vier Holzklötze innen am Rahmen befestigt.

5 Jetzt setzen Sie die Trägerplatte so auf die Klötzchen, dass das vordere Ende auf der Höhe des Servos endet. Von der Vorderkante bis zum ersten Holzklötzchen sind es nun 12 cm.

Trägerplatte, auf dem Roverrahmen ausgerichtet.

STECKER UND BUCHSEN

Die Stecker und Buchsen des XT-Systems sind extra für das Anlöten von Kabeln gedacht. Sie sind extrem hitzebeständig, jedoch nur bis zu einem bestimmten Grad. Halten Sie daher den Lötkolben beim Anlöten der Kabel nur so lange wie nötig an die Lötstelle. Wird der Stecker oder die Buchse zu lange erwärmt, kann sich das Metallteil aus dem Kunststoff lösen.

6 Zeichnen Sie die Mitte der Klötzchen etwa 1 cm vom Rand entfernt auf der Platte an und bohren Sie diese mit dem 3er-Bohrer vor. Danach bohren Sie auch die Holzklötzchen entsprechend mit dem 2er-Bohrer vor.

Vorgebohrte Platte mit ebenso vorgebohrten Holzklötzchen.

7 Bevor die Trägerplatte festgeschraubt werden kann, müssen Sie den Stecker des ESC umlöten.

Die Stromversorgung des APM-Controllers wird über einen mitgelieferten Stromsensor sichergestellt. Dieser besitzt am Akkuanschluss eine XT-60-Buchse und am ESC-Anschluss einen XT-60-Stecker. Die XT-Verbindungen sind sehr verbreitet, und deshalb werden wir auch an unseren Akku und an den ESC die entsprechenden Stecker und Buchsen löten.

Beginnen Sie mit dem Umlöten des ESC-Anschlusses am Rover. Schneiden Sie den vorhandenen Stecker ab und löten Sie anstelle des Steckers eine XT-60-Buchse an. Das schwarze Minuskabel löten Sie an die abgeflachte Buchsenseite, das rote Pluskabel an die andere Seite.

Die Lötstellen isolieren Sie noch mit einem Schrumpfschlauch, sodass keine blanken Stellen zu sehen sind.

Umlöten des ESC-Anschlusses zu einer XT-60-Buche.

8 Nach dem Löten ziehen Sie die Schutzfolie der Platte ab und schrauben die Kunststoffplatte auf den Rover. Die Platte wird mit vier Schrauben auf den vorgebohrten Holzklötzen befestigt, sodass der Holzbalken zur Montage des Ultraschallsensors nach vorne (Richtung Servo) zeigt.

Rover mit montierter Kunststoffplatte.

9 Im nächsten Schritt muss der Anschluss des LiPo-Akkus entsprechend dem Stromsensor des APM-Boards umgelötet werden. Dieser besitzt an der Akkuseite eine XT-60-Buchse. Deshalb löten Sie an den LiPo einen XT-60-Stecker. Hierzu schneiden Sie den bisherigen Stecker ab. Allerdings müssen beim Umlöten eines Steckers an einen Akku ein paar Dinge beachtet werden.

Das rote Pluskabel und das schwarze Minuskabel eines Akkus dürfen sich niemals berühren. Geschieht das, entsteht sofort ein Kurzschluss, und es besteht akute Brand- oder Explosionsgefahr. Beim Umlöten eines Akkusteckers muss daher immer darauf geachtet werden, dass sich die beiden Kabel unter keinen Umständen berühren.

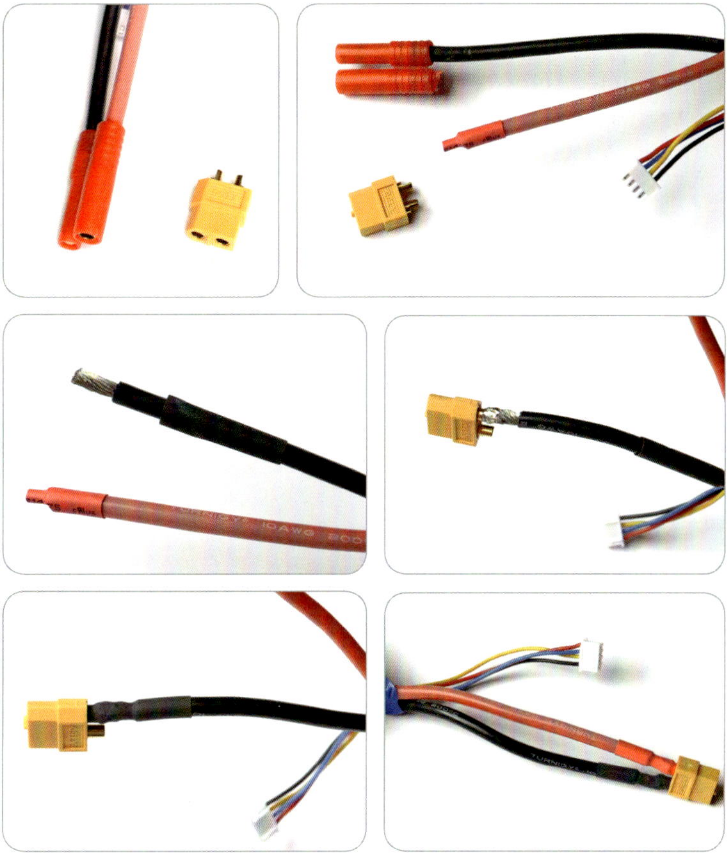

Ordnungsgemäßes Umlöten eines Akkusteckers.

Zuerst schneiden Sie nur ein Kabel des Akkus ab und isolieren die offene Stelle mit Schrumpfschlauch. Dann können Sie das zweite Kabel abtrennen und ein Stück abisolieren. Vergessen Sie nicht, die Schrumpfschläuche über die Kabel zu ziehen. Erst dann löten Sie das Kabel an (Minus an die abgeflachte Seite) und isolieren die gelötete Stelle wieder mit einem Schrumpfschlauch. Entfernen Sie die Isolierung des anderen Kabels und löten dieses ebenfalls an den Stecker.

Elektronikkomponenten einbauen

An dieser Stelle beginnt der Einbau der Elektronikkomponenten. Der Flightcontroller ist dabei das wichtigste Bauteil. Wir montieren ihn in der Mitte des Rovers. Dem Flightcontroller liegt auch ein sogenanntes »Shock Absorber Board« bei. Es dient der Vibrationsminderung des empfindlichen Bauteils während des Betriebs. Wird der Controller in einem

SHOCK ABSORBER BOARD

Während des Flugs eines Multicopters kommt es zu teils starken oder hochfrequenten Schwingungen. Beim Einbau eines Flightcontrollers, speziell des APM-Controllers, in einen Multicopter sollte daher immer ein sogenanntes Shock Absorber Board verwendet werden. Es dämpft die Vibrationen, und der Flightcontroller kann ungehindert seinen Dienst vollrichten. Auf einem eher vibrationsarmen Rover ist es nicht zwangsläufig nötig, solch ein Board zu verwenden.

Multicopter verwendet, ist es tatsächlich fast unerlässlich, das Shock Absorber Board zu verwenden, da die kleinste Erschütterung zu einer Fehlreaktion in der Motoransteuerung führt. Während des Betriebs eines Multicopters entstehen durch seine starken Motoren und Luftschrauben wesentlich mehr Vibrationen als bei einem Rover.

Die Ansteuerung des Rovermotors muss nicht so präzise sein wie bei einem Multicopterfluggerät. Aus diesem Grund können Sie den Flightcontroller direkt auf die Trägerplatte montieren.

1. Das machen Sie mithilfe von stark klebendem doppelseitigem Schaumstoffklebeband, das durch den Schaumstoff eine kleine Dämpfung gegen Stöße und Vibrationen bietet. Ganz wichtig ist, dass der Flightcontroller mittig auf den Rover geklebt wird, sodass der Pfeil auf dem Gehäuse (FORWARD) nach vorne zeigt.

Einbau des Flightcontrollers mithilfe von doppelseitigem Schaumstoffklebeband.

2 Als Nächstes wird das GPS-Modul befestigt. Es beinhaltet neben dem GPS-Sensor auch ein Magnetometer (Kompass). Da ein Kompassmodul sehr empfindlich auf stromdurchflossene Kabel reagiert (entstehendes elektromagnetisches Feld), sollte das Modul so weit entfernt wie möglich von stromdurchflossenen Leitungen wie Akkuanschluss oder ESC sitzen.

3 Es gibt zwei Möglichkeiten, das Modul zu befestigen. Wer nach dieser Bauphase kein FPV- oder Solartuning am Rover vornehmen möchte, kann die beiliegende Halterung für das GPS-Modul verwenden. Es müssen lediglich an einem Ende des Carbonstabs die Bodenhalterung und am anderen Ende die GPS-Platte eingeklebt werden.

4 Danach müssen Sie die Halterung auf den Rover schrauben und das GPS-Modul oben auf der flachen Seite aufkleben. Da wir später noch weitere Bauteile am Rover anbringen wollen, wird das Modul jetzt hinter dem Flightcontroller und nicht in der Nähe der Hauptstromleitungen befestigt. Kleben Sie also unter dem Modul wieder doppelseitiges Schaumstoffklebeband mit etwas Abstand so hinter den Flightcontroller, dass der kleine Pfeil auf dem schwarzen GPS-Modul nach vorne zeigt.

Befestigen des GPS-/Kompassmoduls.

5 Den Empfänger montieren Sie ebenfalls auf der Kunststoffplatte. Da die Servoverbindungskabel nicht sonderlich lang sind, setzen Sie den Empfänger direkt vor den Flightcontroller. Auch ihn befestigen Sie wieder mit doppelseitigem Schaumstoffklebeband.

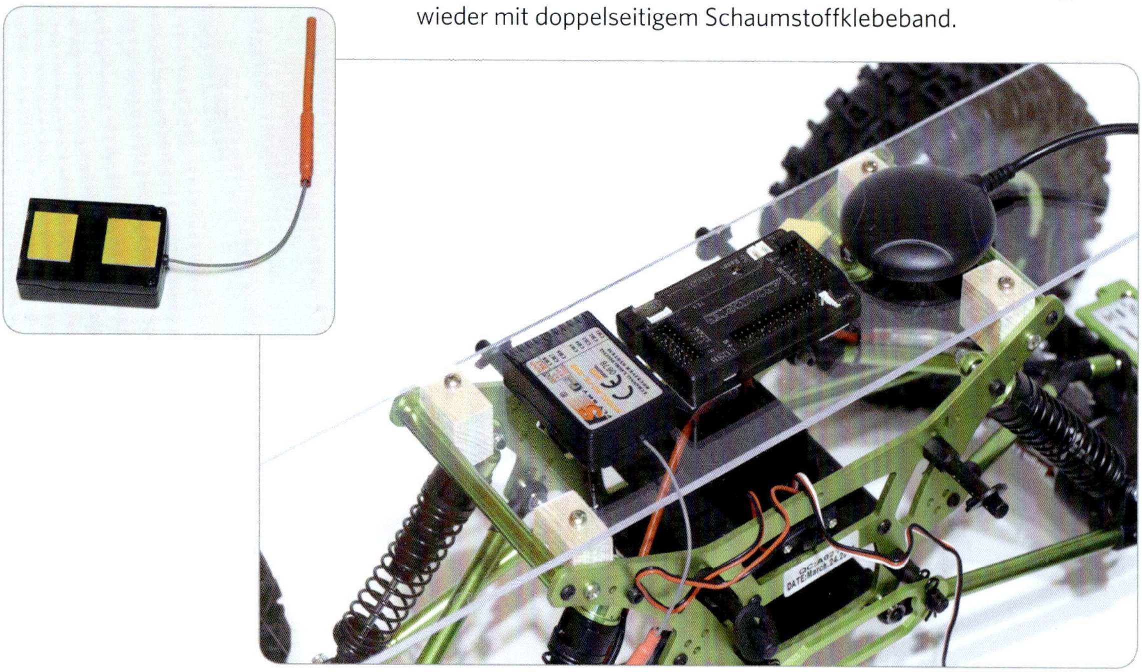

Befestigen des Empfängers.

6 Nun widmen wir uns der Befestigung des Ultraschallsensors. Er sollte so hoch wie möglich auf dem Rover angebracht und leicht nach oben geneigt sein. Sitzt der Sensor zu tief oder ist er nach unten geneigt, kann es sein, dass er schon kleine Hürden wie einen Ast oder einen Bordstein als Hindernis erkennt und der Rover anhält oder ausweicht – je nach Einstellung. Deshalb wird der Ultraschallsensor oben gerade nach vorne schauend an der Holzstrebe montiert. Hierfür benötigen Sie zwei normale Maschinenschrauben M3x30, zwei Unterlegscheiben und zwei selbstsichernde Muttern M3.

Den Sensor halten Sie so an die Leiste, wie er später sitzen soll. Dann bohren Sie die vorgesehenen Löcher an den Seiten mit einem 3,2er-Bohrer vor, setzen den Sensor ab und bohren einmal komplett durch das Holz. Die Unterlegscheiben schieben Sie auf die Schrauben und stecken diese von hinten durch das Holz.

Montage des Ultraschallsensors.

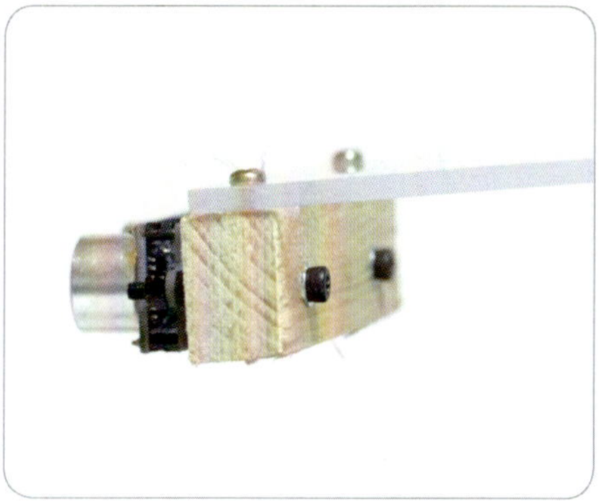

TELEMETRIE-SYSTEM

Beim Kauf eines Telemetriesystems muss unbedingt auf die geltenden Gesetze geachtet werden. In Deutschland sind lediglich Module im 433-MHz-Bereich erlaubt. Zudem dürfen sie nur eine maximale Sendeleistung von 10 mW (Milliwatt) haben.

7. Nun drehen Sie die mitgelieferten Abstandhalterungen auf die Schrauben, setzen den Sensor so darauf, dass der Anschluss nach unten schaut, und drehen ihn mit den Muttern fest.

8. Im Lieferumfang des Flightcontrollers befindet sich auch ein komplettes Telemetriesystem, das aus zwei Teilen besteht. Das kleinere Modul (Air) wird auf den Rover montiert, das größere Modul (Ground) ist zum Einstecken in ein Notebook oder Tablet/Smartphone gedacht. Mithilfe dieses Systems können Sie später den Rover live auf dem Notebook verfolgen und ihm Befehle erteilen. Das kleinere Air-Modul befestigen Sie mit doppelseitigem Schaumstoffklebeband etwas weiter hinten auf der Trägerplatte.

Befestigung des Telemetriemoduls auf dem Rover.

Energieversorgung sicherstellen

Die Energieversorgung des Rovers und des APM-Controllers wird mithilfe eines Strom-/Spannungsmoduls (Powermodul) sichergestellt. Es misst im Betrieb die bisher genutzten Ampere und den aktuellen Spannungslevel.

1. Das Kabel wird mit dem XT-Anschluss an den ESC angeschlossen, und das dünne Versorgungskabel wird in den Port PM (Powermodul) am Flightcontroller gesteckt. Achten Sie auf die richtige Polarität. Das rote Kabel muss nach innen zeigen.

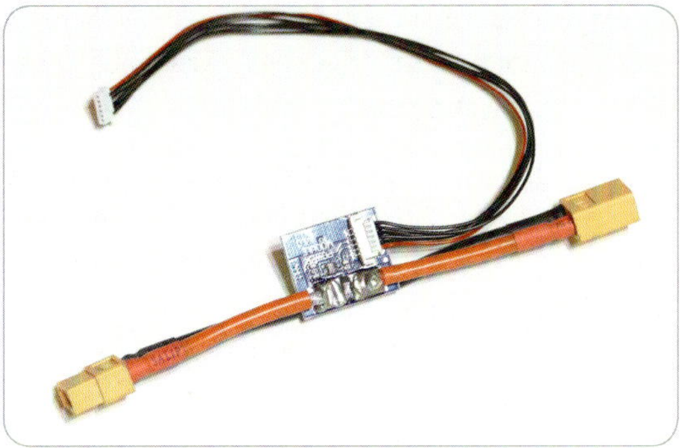

Anschließen des Powermoduls.

2 Setzen Sie den Akku ein, befestigen Sie alle Kabel und bringen Sie den Akkuchecker an. Zuerst entfernen Sie an der Akkuschachtplatte einen Splint und klappen die Platte nach unten. Dann schieben Sie den Akku durch den Schacht, sodass er fest sitzt, und führen die beiden Kabel durch die Verschlussplatte. Danach befestigen Sie die Platte mithilfe des Splints wieder.

KABEL VERSTÄRKEN

Die Kabel des Powermoduls zum Flightcontroller sind sehr dünn. Um sicherzustellen, dass sie und weitere Kabel sich nicht an den Kanten der Trägerplatte abscheuern, können sie mit etwas Isolierband umwickelt oder mit Schrumpfschlauch ummantelt werden.

Einbau des Akkus in den Rover.

3. Nun befestigen Sie das Powermodul und den Akkuchecker am Rahmen des Rovers. Zuerst kleben Sie mit etwas Isoliertape die Stelle am Rahmen ab, an der das Powermodul befestigt werden soll. Das ist nötig, da das Modul ab Werk blank ist und wir keinen Kurzschluss riskieren möchten. Alternativ kann das komplette Modul auch in einem großen Schrumpfschlauch verstaut werden.

4. Danach befestigen Sie das Modul mit Kabelbinder am Rahmen. Den LiPo-Warner stecken Sie an den Akku, um ihn dann an einer geeigneten Stelle in Reichweite zu befestigen.

Befestigung des Powermoduls und des LiPo-Warners am Roverrahmen.

APM-ROVER-DOKUMENTATION

Das ArduPilot-Projekt mit all seinen Bestandteilen wie Plane (Flugzeug), Multirotor (Multicopter) und Rover (Landfahrzeug) ist in englischer Sprache sehr gut dokumentiert. Unter den folgenden Links finden sich die allgemeine Dokumentationsseite sowie die spezielle für den APM-Rover:

- ***http://ardupilot.org/ardupilot/***
- ***http://ardupilot.org/rover/index.html***

Die Verbindung der einzelnen Servokabel finden Sie unter:

- ***http://ardupilot.org/rover/docs/rover-apm2-setup.html***

Flightcontroller und Empfänger miteinander verbinden

An dieser Stelle haben wir alle Teile eingebaut und können mit der Verkabelung beginnen. Dem Flightcontroller liegen fünf Servokabel bei. Hiervon nehmen wir uns vier und verbinden damit Flightcontroller und Empfänger. Zwei benötigen Sie zum eigentlichen Fahren, also für die Geschwindigkeit und das Lenken (Servo). Die anderen beiden werden Sie für das Umschalten der Fahrmodi sowie die Speicherung von Wegpunkten brauchen.

Die Servokabel verbinden Sie folgt:

ANSCHLUSS FLIGHTCONTROLLER (INPUT)	ANSCHLUSS EMPFÄNGER
INPUT 1	1
INPUT 3	2
INPUT 7	5
INPUT 8	6

Anschlussschema zur Verbindung zwischen Flightcontroller und Empfänger

1. Anders als in der APM-Doku vorgegeben, verbinden Sie Kanal 6 des Empfängers mit Kanal 8 des Flightcontrollers. So können Sie später den Dreiwegeschalter an der FlySky verwenden, um zwischen drei Fahrmodi zu wechseln.

   Beim Anschließen der Kabel ist unbedingt darauf zu achten, dass die schwarze der drei Adern am Flightcontroller nach außen und am Empfänger nach unten zeigt. Damit haben wir die beiden Bauteile richtig verbunden.

Den Flightcontroller mit dem Empfänger verbinden.

2. Als Nächstes verbinden Sie das Lenkservo mit dem Flightcontroller. Das Kabel ist allerdings zu kurz, um es direkt zu verbinden, also benötigen Sie eine Servokabelverlängerung.

   Zum Verlängern von Servokabeln eignen sich am besten Verlängerungsstücke, die mit Widerhaken bestückt sind und nicht von selbst wieder aufgehen können. Alternativ kann solch eine Verlängerungsverbindung mit einem Schrumpfschlauch versiegelt werden, sie öffnet sich dann ebenfalls nicht mehr.

3. Die beiden Enden stecken Sie zusammen (gleiche Polung) und verlegen dann das Kabel. Das Lenkservo wird jetzt mit dem OUTPUT-Port 1 des Flightcontrollers verbunden, sodass die gelbe Kabelader nach innen zeigt.

Das Lenkservokabel mit dem Flightcontroller verbinden.

4. Nachdem die Verbindung zur Lenkung des Rovers sichergestellt ist, fehlt noch das Kabel, das es erlaubt, den Rover vorwärts fahren zu lassen. Hierzu muss das ESC mit dem Flightcontroller verbunden werden.

Vorher muss noch eine wichtige Sache erledigt werden. Der Flightcontroller wird über das Powermodul mit Strom versorgt. Das Servokabel des ESC hat auch drei Adern. Mit der roten Ader wird eine Versorgungsspannung bereitgestellt. Bevor Sie also den ESC an den Flightcontroller anschließen, muss das rote Kabel entfernt werden. Dazu heben Sie auf der Rückseite des Steckers den mittleren Haken an und ziehen das Kabel mit einer Zange heraus. Danach isolieren Sie die abstehende Ader mit etwas Schrumpfschlauch.

Entfernen des mittleren ESC-Anschlusskabels und Anschließen des Kabels.

5 Das Kabel schließen Sie an den OUTPUT-Port 3 an, sodass das schwarze Kabel nach außen zeigt. Das GPS-Modul ist genau genommen ein Doppelsensor. Es besteht aus einem GPS- und einem Kompasssensor. Deshalb müssen Sie zwei Stecker auf dem APM-Board anschließen, einen am Port GPS, den anderen am Port I2C.

Anschließen des GPS- und Kompasssensors.

6 Das Telemetriemodul hat ebenfalls zwei Anschlüsse. Einer wird direkt an den APM-Controller angeschlossen, der zweite dient dem Anschluss an ein OSD. Schließen Sie den kleinen Stecker an den Port Telem des Flightcontrollers an.

Anschließen des Telemetriemoduls.

7. Zum Schluss muss noch das Ultraschallmodul an den Flightcontroller angeschlossen werden. Wenn Sie von vorn auf das Modul schauen, stehen die Anschlusspins nach unten weg. Auf der rechten Seite befindet sich der Groundanschluss. Das mitgelieferte dreiadrige Kabel schließen Sie so an den Sensor an, dass die schwarze Ader nach rechts zeigt. Da das Kabel nicht lang genug ist, müssen Sie es mit einer Verlängerung versehen. Danach schließen Sie das Kabel am ersten Port direkt neben dem Telemetrieanschluss an. Das Groundkabel (dunklere oder schwarze Ader) muss hier wieder nach außen zeigen.

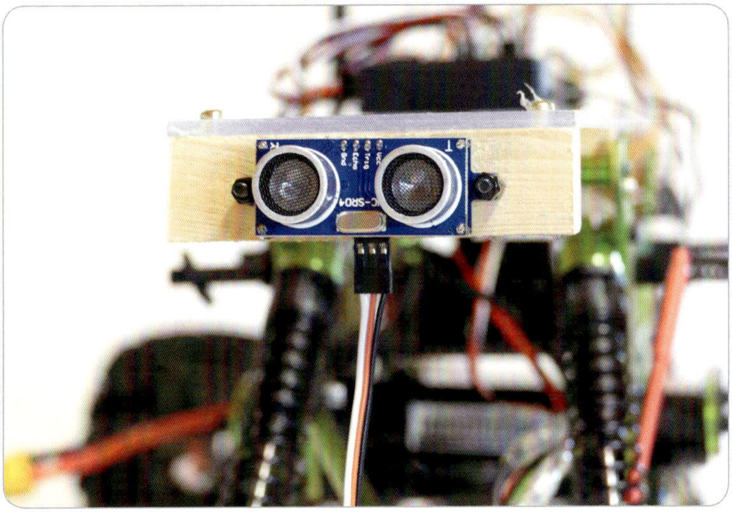

Anschließen des Ultraschallmoduls am Flightcontroller.

8 An dieser Stelle müssen Sie noch eine wichtige Aufgabe erledigen, damit Ihr Rover später problemlos funktioniert. Das APM-Board wird über das Powermodul mit Energie versorgt. Eine Spannung von 5 V versorgt somit alle wichtigen Komponenten des Flightcontrollers. An Ausgang 1 (OUTPUT 1) ist das Lenkservo angeschlossen, das Sie benötigen, um den Rover zu lenken oder vom Autopiloten lenken zu lassen. Wie auf der APM-Wiki-Seite zu sehen ist, werden die Outputs nicht mit dieser 5-V-Spannung versorgt, sondern erst, wenn eine Brücke (Jumper) zwischen dem PM-Anschluss und den Outputs erstellt wurde.

Stromkreis im APM-Flightcontroller.

9 Es besteht das Problem, dass ein viel beanspruchtes Servo gewisse Spannungsschwankungen verursacht. Unser APM-Flightcontroller reagiert allerdings sehr allergisch auf solche Spannungsschwankungen, und deshalb werden Sie die Spannungsversorgung – genauer gesagt geht es nur um das rote Pluskabel – auf eine andere Art sicherstellen. Glücklicherweise hatten wir zuvor das Strom führende rote Kabel des ESC herausgelöst, sodass das APM-Board nicht von zwei Seiten mit Spannung versorgt wird.

Dieses abgetrennte Kabel verbinden Sie nun mit der roten Ader des Servos. Als Erstes ziehen Sie das Servokabel wieder aus dem APM-Controller und entfernen die rote Ader. Dann entfernen Sie an der roten Ader des ESC wieder den Schrumpfschlauch, ziehen einen neuen Schrumpfschlauch über das Kabel, stecken die beiden Enden mithilfe eines einzelnen Pins zusammen und isolieren die Stelle mit dem Schrumpfschlauch. Alternativ können die beiden Enden auch zusammengelötet werden.

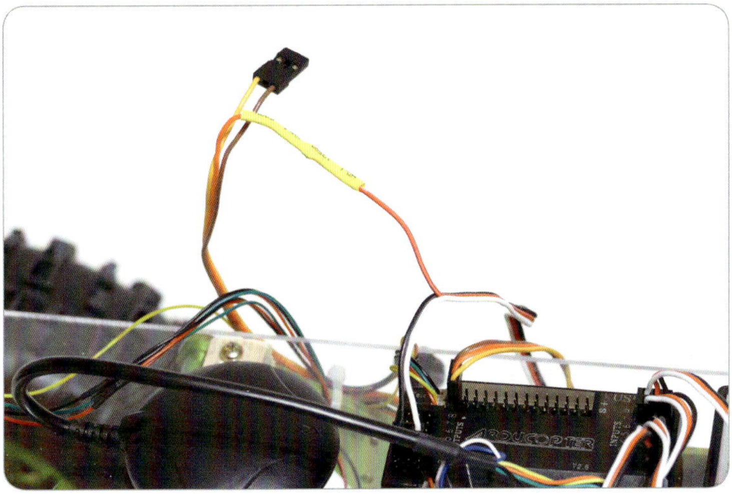

Spannungsversorgung des Servos über den ESC.

10 Nun haben Sie alle Kabel angeschlossen und die Bauteile untereinander verbunden. An vielen Stellen stehen die Kabel jedoch noch etwas ab und hängen lose herum. Während der Fahrt könnte sich ein loses Kabel in etwas verfangen und den Rover lahmlegen. Geschieht solch ein Malheur etwas weiter entfernt vom Startpunkt, wenn der Rover per GPS gesteuert wird, müssen wir definitiv einen kleinen Spaziergang starten, um den Rover wiederzufinden. Dann bekommt der Ausdruck Modellsport eine ganz neue Bedeutung. Um das zu verhindern, befestigen Sie alle Kabel mit Kabelbinder und stellen sicher, dass nichts mehr absteht oder lose ist.

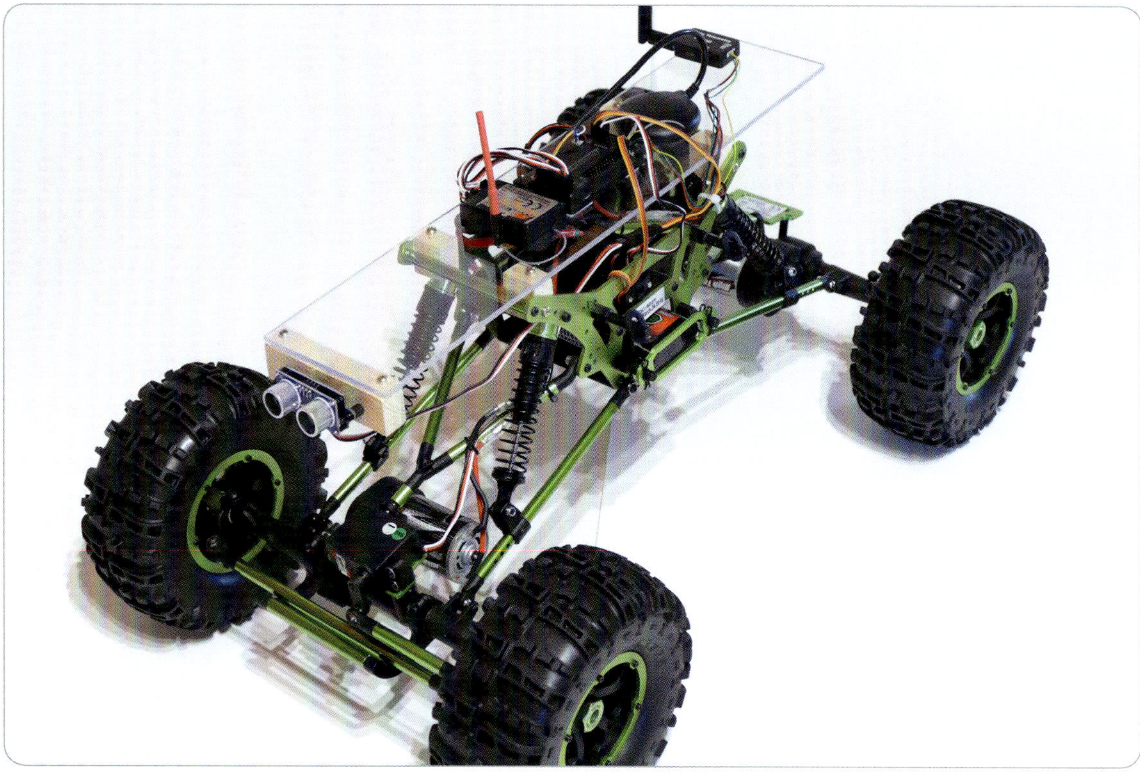

Fertig gebaute Roverdrohne.

APM-Flightcontroller konfigurieren

Jetzt haben wir alle Bauteile verbunden und können mit der Softwarekonfiguration des APM-Flightcontrollers beginnen.

1. Laden Sie die Software des Rovers herunter und stellen Sie sie ein. Die APM-Software ist so aufgebaut, dass Sie weder etwas programmieren noch Codebausteine verändern müssen. Der Vorteil der vorkonfektionierten Softwarelösung besteht darin, dass man mithilfe einer sogenannten GUI (*Graphical User Interface*, grafische Benutzeroberfläche) alles einstellen, verändern und anpassen kann. Die meistgenutzte GUI für einen APM-Flightcontroller ist der Mission Planner. Laden Sie die Installationsdatei der Software unter diesem Link herunter:

   http://ardupilot.org/planner/docs/common-install-mission-planner.html

   Anschließend installieren Sie sie. Mac-User können sich die entsprechende Softwareversion hier downloaden:

   http://ardupilot.org/planner2/docs/mac-install.html

Installieren der Software Mission Planner.

2. Nach dem ersten Öffnen des Mission Planner werden Sie nach einem Update gefragt, lassen Sie es ebenfalls durchführen.

3. Verbinden Sie den Flightcontroller via USB-Kabel mit dem Notebook. Dafür wird ein Micro-USB-Kabel benötigt. Am Flightcontroller selbst beginnen die LEDs aufzublinken. In der Software darf das Board jedoch noch nicht verbunden werden.

4. Klicken Sie zuerst auf das obere Register *INITIAL SETUP*, öffnen Sie dann das Drop-down-Menü rechts oben, in dem *AUTO* steht, und wählen Sie den COM-Port aus, der das angeschlossene Flightcontrollerboard anzeigt. Die Schaltfläche *CONNECT* rechts daneben wählen Sie noch nicht an, da sonst der Quellcode nicht zum Flightcontroller übertragen werden könnte. Nachdem der COM-Port ausgewählt ist, erscheinen die Anwendungen, die für ein Projekt ausgewählt werden können.

Mit einem APM-Flightcontroller können viele verschiedene Land-, Luft- und Wasserfahrzeuge betrieben werden:

- Auto (*ArduRover*)
- Flugzeug (*ArduPlane*)
- Multicopter (*APM-Copter*)
- Helicopter (*APM-Copter-Heli*)
- automatische Antennenausrichtung (*AntennaTracker*)

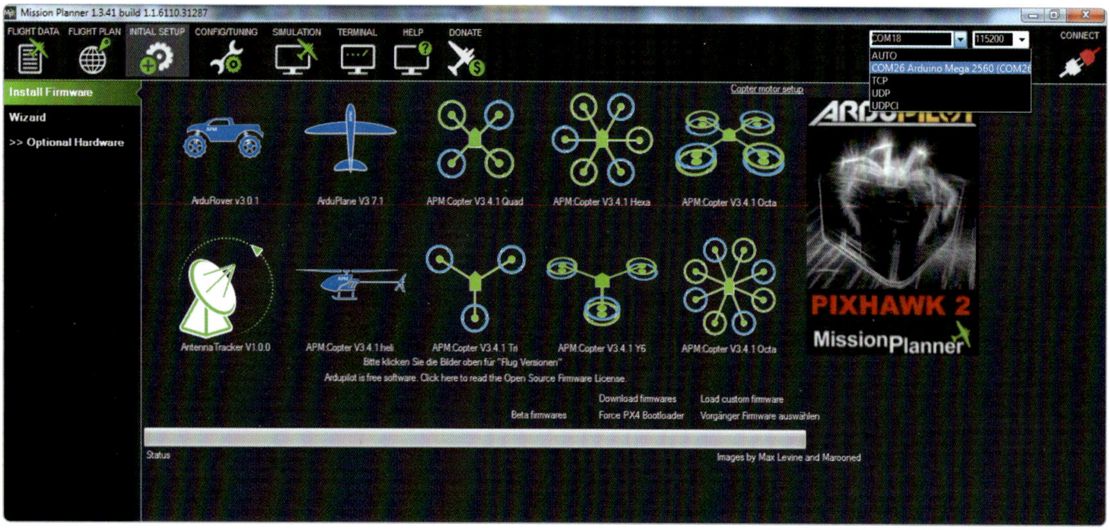

Mögliche Anwendungen des ArduPilot-Systems.

5. Wählen Sie zwischen den verschiedenen »Drohnenprojekten« für unsere Roverdrohne links oben den *ArduRover* aus. Weitere Fenster bestätigen Sie, und der Quellcode für das Roverprojekt wird heruntergeladen.

6. Sie haben zwei Möglichkeiten, die Softwareeinstellungen für den Rover vorzunehmen. Zum einen können alle Parameter einzeln in jedem Menü angepasst werden. Das umfasst den Stromsensor, den Kompass, die Beschleunigungssensoren und vieles mehr. Die zweite Möglichkeit bietet der sogenannte Wizard, der Sie als Assistent durch die wichtigsten Einstellungen der Software begleitet.

Trotz der umfangreichen Möglichkeiten des Wizards müssen anschließend noch ein paar Parameter eingestellt werden. Für die ersten Schritte benutzen Sie den Assistenten.

7 Der Wizard gibt Hilfestellung bei den ersten Schritten. Ein paar Einstellungen müssen jedoch manuell in den jeweiligen Menüs vorgenommen werden. Wählen Sie rechts im Menü den *Wizard* aus. Im ersten Schritt wird noch einmal der Rover ausgewählt und die entsprechende Software geladen.

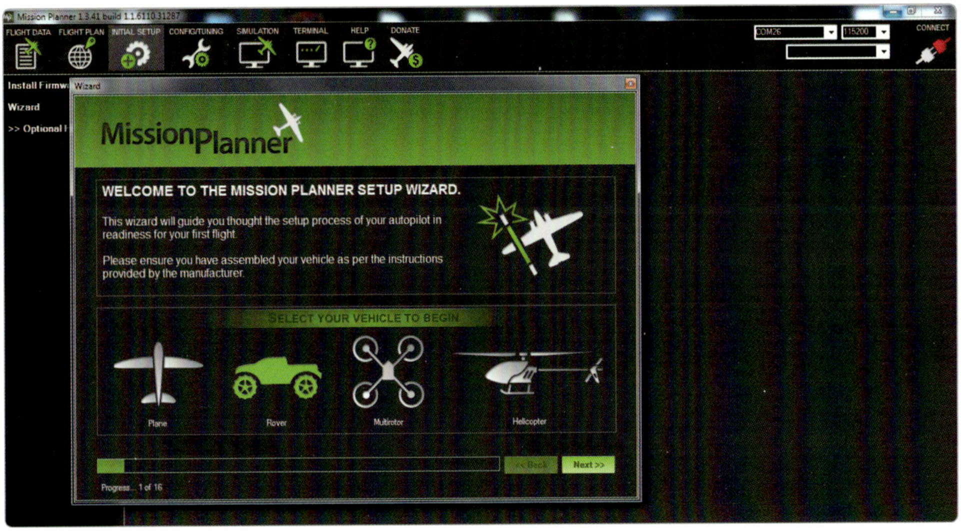

Auswahl des Drohnenprojekts.

8 Zwei weitere Fenster, die lediglich der Anzeige des genutzten Flightcontrollers dienen, müssen bis zur Einstellung *COMPASS CALIBRATION* bestätigt werden.

9 Jetzt wird es ein wenig knifflig, denn der Rover – genauer gesagt, das Kompassmodul – muss gleich um alle Achsen gedreht werden. Dafür ist es extrem hilfreich, wenn Sie an das Standard-USB-Kabel eine USB-Verlängerung stecken. So hat man beim Drehen des Rovers mehr Freiraum. Am besten läuft die Aktion ab, wenn Sie eine freundliche Person dabeihaben, die Ihnen das Kabel während der Kalibrierung beständig vom Rover weghält. Ist alles bereit, klicken Sie auf die Schaltfläche *Live Calibration* (rechts daneben finden Sie einen Link zu einem englischen Erklärvideo zum Thema Kompasskalibrierung).

10 Nach der Kompasskalibrierung geht es weiter mit der Einstellung des Stromsensors (Powermodul). Wählen Sie diese Einstellungen:

- *APM2.5-3DR*
- *3DR Power Modul*
- *4200* – das ist die Ampere-Anzahl unseres Akkus

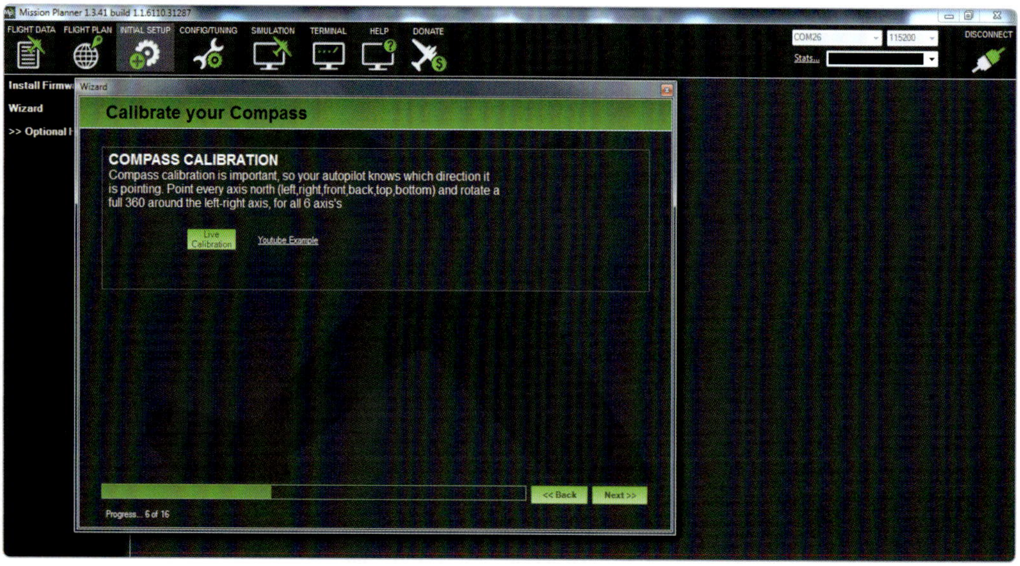

Kompasskalibrierung im Wizard.

⑪ Das folgende Fenster befasst sich mit dem Sonarsensor, den wir zu einem späteren Zeitpunkt einstellen. Als Nächstes erfolgt die Kalibrierung der Fernsteuerung. Hierzu klicken Sie oben im Wizard auf *Continue*. Sie sehen jetzt alle Kanäle, die das APM-Board zur Verfügung stellt. An dieser Stelle kann geprüft werden, ob alle Steuerkanäle richtig angeschlossen sind, richtig ausschlagen und funktionieren.

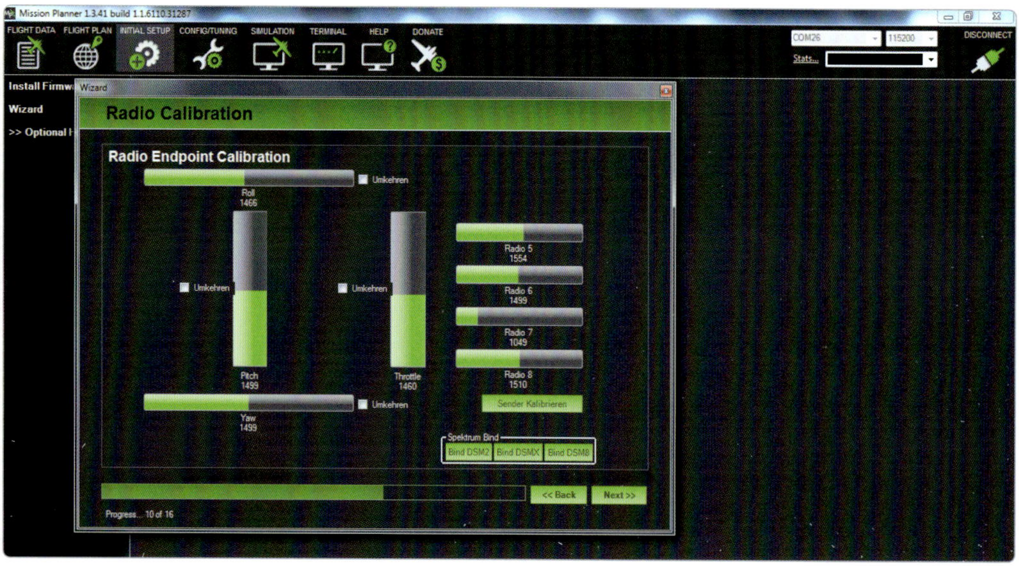

Anzeige der Steuerkanäle.

Beim Testen der Steuerkanäle sollten folgende Steuerausschläge zu erkennen sein:

- Rechter Stick nach vorne und hinten → *Throttle*
- Rechter Stick nach links und rechts → *Roll*
- Rechter Dreiwegeschalter → *Radio 8*
- Rechter Zweiwegeschalter oben → *Radio 7*

12 Wenn die Steuerkanäle richtig ausschlagen, kann mit der Kalibrierung begonnen werden. Dazu klicken Sie auf den Button *Sender kalibrieren*. Dann müssen Sie alle angeschlossenen Steuerknüppel und Schalter so weit wie möglich bewegen. Dabei werden die Maximalwerte mittels einer roten Linie angezeigt, und Sie beenden die Kalibrierung mit einem Klick auf den Button *Click when Done*. Die Steuerkanäle und ihre Ausschläge sind jetzt kalibriert.

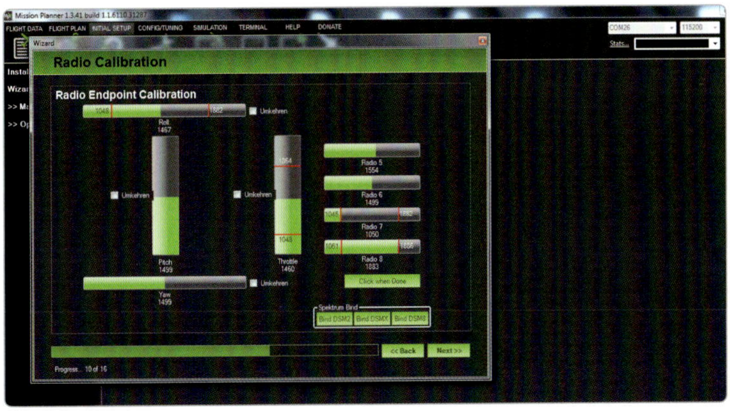

Kalibrieren der Steuerkanäle.

13 Im nächsten Fenster können Sie die verschiedenen Fahrmodi wählen, die zur Verfügung stehen. Wenn Sie an der Fernsteuerung den Dreiwegeschalter umschalten, ändert sich die Zeile, die den aktuellen Modus anzeigt. Der Dreiwegeschalter wird nun so eingestellt, dass in der hintersten Stellung der Modus 6 eingestellt ist. Dieser Modus kann nicht geändert werden und steht immer auf *Manual*. In diesem Modus kann der Rover mithilfe der Fernsteuerung ganz konventionell eins zu eins gesteuert werden. Auf die mittlere Stellung des Schalters legen Sie den Auto-Modus, mit dem vorher programmierte Routen abgefahren werden können, und auf die unterste Stellung den Modus *Hold*. In diesem Modus bleibt der Rover sofort stehen, sozusagen ein Not-Stopp.

STEUERKANÄLE KALIBRIEREN

Steuerkanäle müssen beim ersten Einstellen einer Drohne, egal ob es eine Flug- oder eine Autodrohne ist, immer kalibriert werden. Bei diesem Vorgang erkennt die Software des Flightcontrollers, wie weit die Steuerausschläge der einzelnen Steuerknüppel reichen, und rechnet sie so um, dass der volle Ausschlagweg des Knüppels immer dem gesamten Steuerweg eines angeschlossenen Servos oder Motorreglers entspricht.

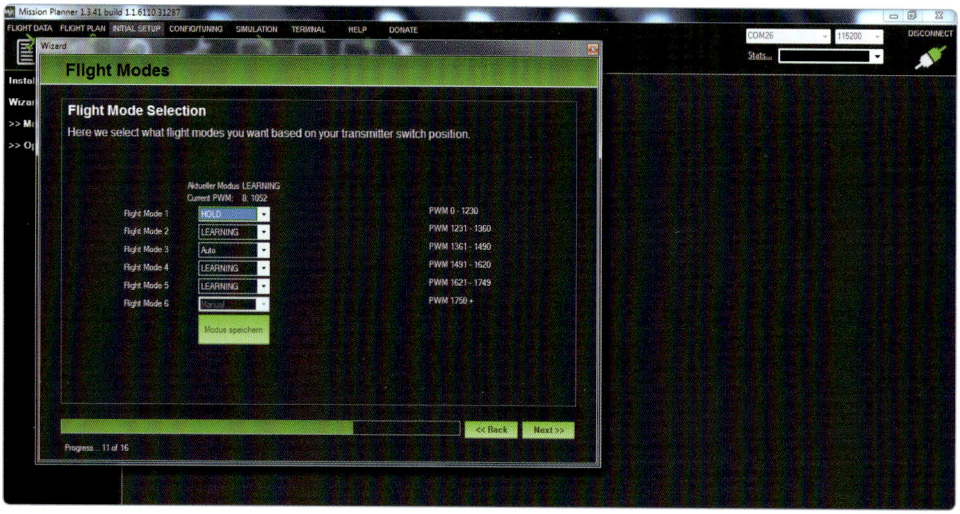

Einstellen der Fahrmodi des Rovers.

⑭ Damit die Steuereinheit des Rovers, der Flightcontroller, die verschiedenen Sensoren auch richtig einsetzen kann, um die Lage des Gefährts genau zu bestimmen, müssen sie vor dem ersten Einsatz kalibriert werden. Im nächsten Fenster werden Sie genau dazu aufgefordert. Dabei muss nun peinlichst genau darauf geachtet werden, dass sich der Flightcontroller und der gesamte Rover genau in der Waage befinden. Das erreichen Sie am besten mit einer Wasserwaage. Ist alles gerade, klicken Sie auf die letzte offene Einstellung (rotes Feld) der Kalibrierung des Accelerometers.

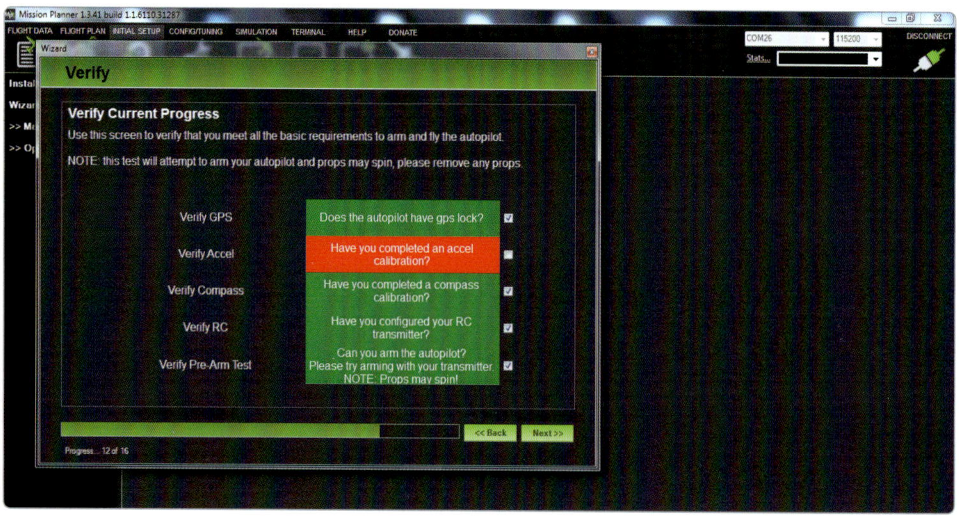

Kalibrieren des Beschleunigungssensors.

15 In den nächsten Fenstern belassen Sie alles, wie es ist, und klicken sich mit *Next* zum Ende.

Nun haben Sie alle Standardeinstellungen mit dem Wizard durchgeführt und können sich den spezifischen Einstellungen wie dem Ultraschallsensor oder dem Wenderadius des Rovers widmen.

ARMING DES ROVERS

Ein Rover, der mit einem APM-Flightcontroller ausgestattet ist, kann auf verschiedenen Wegen gearmt, also scharf geschaltet werden. Für das Armen können in den Einstellungen verschiedene Profiltypen ausgewählt werden. Der Sinn besteht darin, dass der Rover nicht einfach losfährt, wenn der Akku angesteckt wird, und der Flightcontroller dann einen Fehler macht oder dass etwas Falsches eingestellt ist. Bei Multicoptern wird das Armen meist dadurch bewerkstelligt, dass der linke untere Stick für drei Sekunden nach rechts gedrückt werden muss.

Diese Einstellung kann unter dem Parameter *ARMING_REQUIRED=2* auch beim Rover verwendet werden, wobei hier der Lenkkanal, also der rechte Stick, nach rechts gedrückt werden muss. Die Option *ARMING_REQUIRED=1* führt wiederum dazu, dass der Rover nur mithilfe des Notebooks oder Tablets über den Mission Planner gearmt werden kann. In unserem Fall kann der Rover noch nicht losfahren, wenn lediglich der Akku angesteckt ist.

Das Board wird dann zwar mit Strom versorgt, allerdings bietet der EIN/AUS-Schalter auf der Seite direkt am ESC eine kleine Sicherheit, da er erst in den Modus *EIN* gestellt werden muss, damit der Rover losfahren kann. Aus diesem Grund belassen wir die Arming-Einstellung, wie sie ist, was für uns bedeutet, dass der Rover erst losfahren kann, wenn wir den Schalter am ESC auf EIN gestellt haben.

BESCHLEUNIGUNGSSENSOREN KALIBRIEREN

Um die Beschleunigungssensoren komplett zu kalibrieren, muss der Rover eine dreidimensionale Ausrichtung durchlaufen, um dem Flightcontroller die Möglichkeit zu geben, die Sensoren so präzise wie möglich einzustellen.

1 Hierfür klicken wir auf das Register *INITIAL SETUP* und dort auf *Accel Calibration*. Wie bei der Einstellung des Kompass ist es auch hier ratsam, eine zweite Person um Hilfe zu bitten, denn der Rover muss gleich in mehreren Ausrichtungen auf dem Boden oder Tisch platziert werden und gleichzeitig muss das Notebook bedient werden.

2 Stellen Sie den Rover gerade hin und klicken Sie dann auf den oberen Button *Calibrate Accel*. Auf dem Bildschirm werden nun alle Anweisungen nacheinander angezeigt, und eine nette Stimme teilt uns das Geschriebene auch mündlich mit.

BESCHLEUNIGUNGS-SENSOREN KALIBRIEREN

Beim Kalibrieren der Beschleunigungssensoren werden Sie aufgefordert, den Rover auch auf den Rücken zu legen. Da wir auf der Oberseite des Rovers allerdings schon empfindliche Elektronikbauteile verbaut haben, funktioniert das natürlich nicht. Halten Sie also den Rover einfach so gerade wie möglich mit seinem Kopf nach unten und wackeln Sie nach dem Drücken der Taste so wenig wie möglich.

Ausrichten des Rovers beim Kalibrieren der Beschleunigungssensoren.

3. Nach dem ersten Klick werden Sie aufgefordert, den Rover möglichst gerade und aufrecht zu stellen. Nach Drücken einer beliebigen Taste werden Sie gebeten, den Rover auf eine Seite zu stellen und danach wieder eine Taste zu drücken.
4. Folgen Sie den Anweisungen des PCs und kalibrieren Sie die Beschleunigungssensoren sehr präzise. Wenn alle Seiten bearbeitet sind, zeigt die Software das durch *Complete* an.

ULTRASCHALLSENSOR EINSTELLEN

Um den Ultraschallsensor nutzen zu können, müssen wir ihn erst in der Software einstellen. Der Wizard selbst konnte noch nicht auf den richtigen Port zugreifen, deshalb werden wir das jetzt manuell machen.

Zuerst gehen Sie auf das Register *CONFIG/TUNING*, dann links auf *Advanced Params* und scrollen hinunter bis zur Option *Rangfinder Pin*.

Einstellen der Sonarsensoroptionen.

An der Stelle *Rangfinder Pin* stellen Sie den Portanschluss ein, an den wir unseren Ultraschallsensor angeschlossen haben. Stellen Sie die Option auf *APM2-A0* und speichern Sie die Änderung mit dem Button *Write Params*.

Danach beenden Sie die Verbindung zum Rover, stecken das USB-Kabel aus und wieder ein.

Stellen Sie die Verbindung nun wieder her und gehen Sie auf das Register *FLIGHT DATA*. In diesem Menü können Sie überprüfen, ob der Ultraschallsensor richtig funktioniert. Hierfür setzen Sie auf der rechten unteren Seite des Bildschirms den Haken bei *Tuning*. Es erscheint eine Anzeige der Sensoren. Klicken Sie doppelt auf den Graphen, können Sie Ihren Sensor aus einer endlosen Liste von Parametern wählen. Entfernen Sie alle anderen angeklickten Parameter und klicken Sie nur die zwei Sonarparameter *sonarrange* und *sonarvoltage* an.

Überprüfen der Sonarsensorfunktion.

Schließen Sie das Auswahlmenü, und Sie sehen, dass der Ultraschallsensor richtig arbeitet. Wenn der Abstand zum Sensor durch die Hand oder ein Objekt verändert wird, zeigt der Graph das direkt an. Auf der linken Seite des Fensters findet sich auch eine Skala, an der die aktuelle Entfernung eines Objekts zum Sensor abgelesen werden kann. Der Ultraschallsensor ist damit eingestellt.

Im nächsten Schritt überprüfen wir die aktuellen Einstellungen des Kompassmoduls. Hierzu gehen Sie im Register *INITIAL SETUP* auf den *Compass* und stellen dort, falls das noch nicht geschehen ist, den Rotationswert auf *ROTATION_ROLL_180*. Das ist nötig, um dem Sensor die richtige Ausrichtung zu geben. Er ist tatsächlich nicht komplett gerade mit Ausrichtung nach vorne in das Modul eingebaut und muss deshalb mithilfe eines Offsets angepasst werden.

Stimmt die Ausrichtung der Rovervorderseite nicht genau mit der Anzeige im Mission Planner überein, muss die Richtung noch etwas feingetunt werden. Hierfür gehen wir in die Standardparameter und setzen dort die Declanation etwas herunter oder hoch, je nachdem, in welche Richtung der Kompass verschoben ist.

KOMPASS FEINEINSTELLEN

Wenn sie den Kompass mit Hilfe der Declanation fein einstellen möchten, müssen Sie in den Kompasseinstellungen die automatische Kompass-Declanation und den Offset ausschalten.

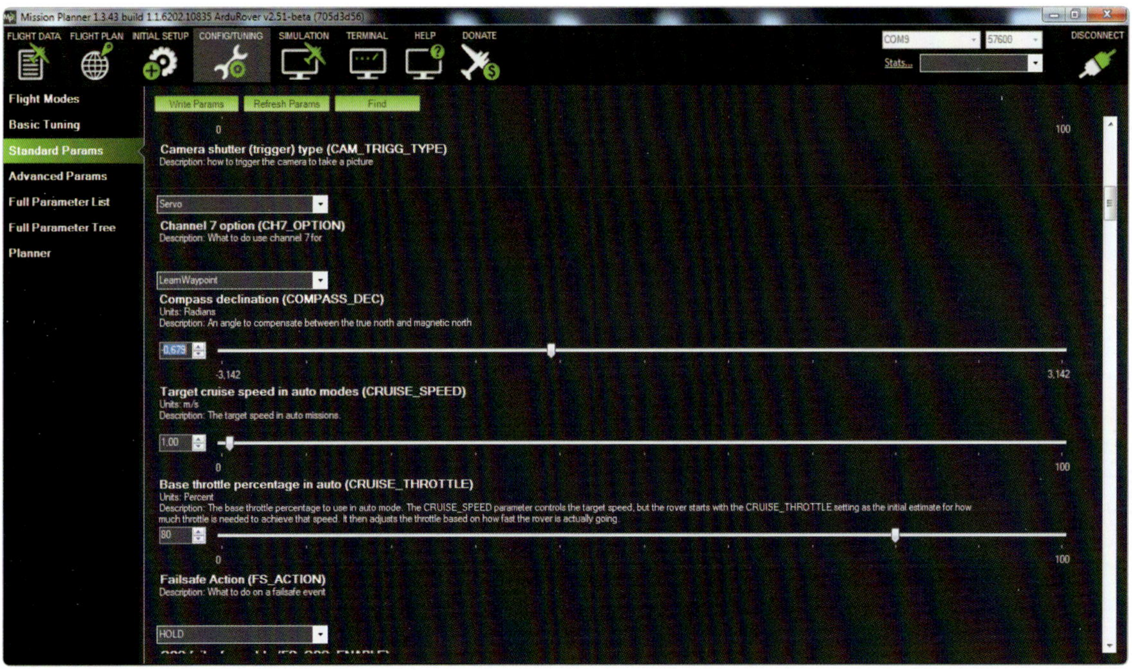

Feinabstimmung des Kompasses.

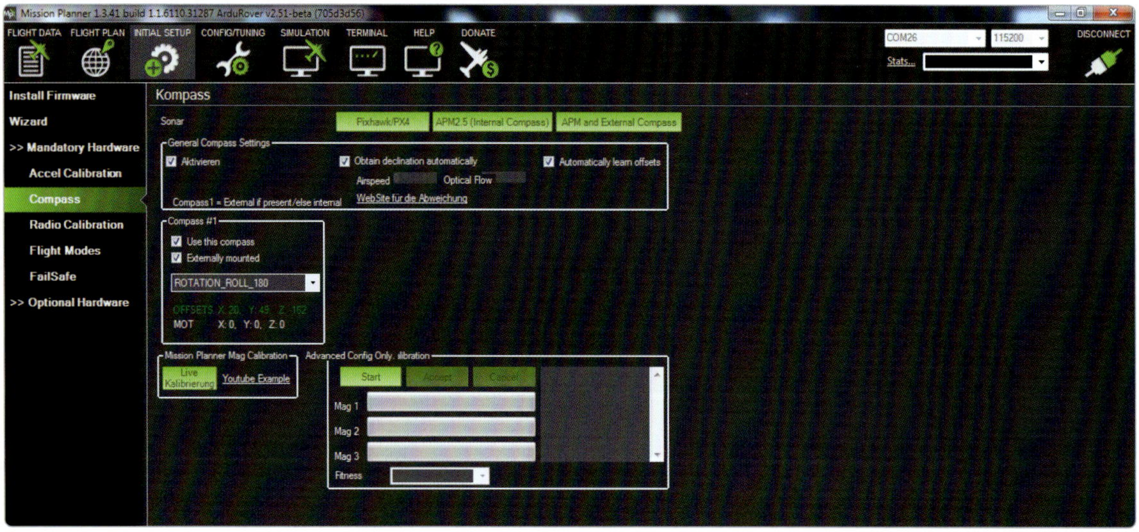

Einstellungen des Kompassmoduls.

SENSOROFFSET DURCHFÜHREN

Sensoren sind sehr kleine und empfindliche Elektronikbauteile, die der Messung verschiedenster Messwerte wie Temperatur, Spannung oder Luftdruck dienen. Nicht immer ist die Orientierung beziehungsweise die Skala des Sensors richtig eingestellt. Sie kann sich nach einer gewissen Zeit oder durch den Einfluss von Temperaturschwankungen verschieben. Das wird Sensordrift genannt. Um ein möglichst genaues Messergebnis zu liefern, muss ein Sensor hin und wieder (vor allem zu Beginn) sozusagen genullt werden - das sogenannte Offset. Hierbei wird der Nullpunkt der Sensorskala (Messeinheit) wieder angepasst, was auch als Nullpunktverschiebung bezeichnet wird.

Im Hauptanzeigefenster unter *FLIGHT DATA* ist nun zu sehen, dass die Nase des Rovers in der Software in die richtige Richtung zeigt und auch Bewegungen richtig anzeigt.

TELEMETRIEVERBINDUNG EINSTELLEN

Ein Telemetriesystem erlaubt es, Daten und Parameter des Rovers live auf das Notebook zu senden. Das bedeutet, dass man alle möglichen Werte optimal und direkt einstellen kann, auch Livedaten wie Geschwindigkeit, Fahrmodus und Akkuspannung werden unter anderem direkt am Notebook angezeigt. Dazu benötigen Sie eine zu unserem APM-2.6-Flightcontroller passende Telemetrieanlage.

Telemetrieset APM 433 MHz.

Diese Bauteile befinden sich in der Regel schon im Lieferumfang des APM-Flightcontrollers für rund 80 Euro. Die Telemetrieanlage besteht aus einem Elektronikbauteil, das an den Rover angeschlossen und angebaut wird (Air), sowie einem Bauteil, das per USB an das Notebook angeschlossen wird (Ground). Wie müssen wir vorgehen, um das System einzubauen und zu nutzen?

1. Zuerst drehen Sie vorsichtig die Antenne an und verbinden dann das Endstück des Air-Moduls an der Stelle mit dem Flightcontroller, an der »Telem« steht, falls noch nicht geschehen.

   In unserem Fall ist die Pinbelegung der Stecker richtig. Wenn Sie ein anderes Telemetriesystem verwenden, das sich beispielsweise nicht im Lieferumfang des Flightcontrollers befunden hat, sollten Sie unbedingt die Belegung der Steckerpins überprüfen. Diese finden Sie, erstellt von einem Forum-User, unter:

   www.rcgroups.com/forums/attachment.php?attachmentid=5531243

Anschließen des Telemetriemoduls an der Schnittstelle Telem.

2. Als Nächstes stecken Sie das Telemetrie-Groundmodul in das Notebook. Ein orangefarbenes (oder grünes) Blinken sollte nun zu sehen sein. Nach kurzer Zeit wird das Gerät vom Notebook erkannt.

3. Stecken Sie nun den Akku an den Rover. Das Telemetrie-Airmodul am Rover blinkt jetzt ebenfalls orangefarben (oder grün). Die Module sollten sich nach ein bis zwei Sekunden miteinander verbunden haben, was durch ein dauerhaftes Leuchten der LEDs angezeigt wird.

SYNCHRONE GERÄTE

Die sogenannte Baudrate ist eine Übertragungsart in der Elektrotechnik. Sie gibt an, wie viele digitale Zeichen oder Symbole in einer bestimmten Zeitspanne von einem Gerät zum anderen übertragen werden. Man könnte sie also auch als eine Art Taktrate bezeichnen. Wichtig ist immer, dass die Kommunikation zwischen beiden Geräten, in unserem Fall zwischen dem Telemetrie-Groundmodul und dem Mission Planner oder zwischen dem Flightcontroller und dem Mission Planner direkt über USB, immer gleich, also synchron ist.

DER MISSION PLANNER

Die Software Mission Planner macht bei den Einstellungen und dem Upload der Daten einige Probleme. Sie sollte bei einem Problem einfach noch einmal neu gestartet werden, und der USB-Anschluss sollte neu eingesteckt werden.

4. Öffnen Sie die Software Mission Planner und klicken Sie auf *INITIAL SETUP/Optional Hardware/Sik Radio*. Ganz wichtig dabei ist, dass ein neuer COM-Port oben rechts ausgewählt wird, und zwar der, der angezeigt wird, wenn Sie das Drop-down-Menü öffnen. In unserem Fall ist das *COM-9*. Rechts daneben stellen Sie noch *57600* als Baudrate für die Telemetrieverbindung ein.

5. Klicken Sie auf *Load Settings*. Nun erscheinen alle Einstellungen der beiden Telemetriebauteile. Die wichtigsten Einstellungen sind *Net ID* und *Tx Power*. Die *Net ID* ist sozusagen der Kommunikationskanal der beiden Bauteile. Wird in der Nähe ein weiteres Telemetriegerät derselben Bauart verwendet, sollte sie diesen Wert für beide Geräte (links und rechts) gleichsam ändern.

Softwareeinstellungen des Telemetriesystems.

6. Für uns in Deutschland gilt zu beachten, dass das Telemetriesystem im 433-MHz-Bereich lediglich auf einer Sendeleistung von 25 mW betrieben werden darf. Der Wert *Tx Power* gibt diese Stärke in dBm an. 25 mW entsprechen 14 dBm, was Sie für beide Geräte einstellen können. Klicken Sie dann auf *Save Settings*.

Ändern der Tx Power auf den Wert 14.

7. Klicken Sie nun oben rechts auf *CONNECT*. Danach sollten die Daten so zu sehen sein, als wäre der Rover per USB-Kabel verbunden.

   Die Telemetrieverbindung zwischen Rover und Notebook ist jetzt sichergestellt. Während der Fahrt können Sie die Daten des Rovers nicht nur live sehen, sondern ihn auch über den Fahrmodus *Guided* live steuern.

   Von nun an können wir uns entscheiden, ob wir den Rover zum weiteren Einstellen der Parameter über das USB-Kabel oder über die Telemetrieverbindung mit dem Notebook koppeln.

Wichtige Softwareeinstellungen

In den nächsten Schritten müssen noch sechs wichtige Einstellungen in der Software vorgenommen werden, damit der Rover auch im autonomen Fahrmodus beispielsweise bei Kurvenfahrten nicht auf die Seite kippt. Im Register *CONFIG/TUNING* und dort im Menü *Full Parameter List* können Sie sich die einzelnen Einstellungsvariablen des Systems ansehen. Kümmern Sie sich um die in der Tabelle gezeigten Variablen:

BEZEICHNUNG	BEDEUTUNG
STEER2SRV_P	Wendekreisdurchmesser des Rovers.
TURN_MAX_G	Maximale Kurvenbeschleunigung (maximale Fliehkraft in einer Kurve).
NAVL1_PERIOD	Wie sensitiv und genau steuert der Rover im *Auto*-Modus (Abgleich- und Reaktionszeit des Rovers)?
SPEED_TURN_GAIN	Abbremsniveau beim Fahren von Kurven im *Auto*-Modus.
CRUISE_SPEED	Rover-Endgeschwindigkeit im *Auto*-Modus.
CRUISE_THROTTLE	Throttlestick-Ausschlag in Prozent, bei dem der Rover die eingestellte Endgeschwindigkeit (*CRUISE_SPEE*) fährt.

Sechs wichtige Softwareeinstellungen des APM-Rovers

- *STEER2SRV_P* beschreibt den Wenderadius des Rovers. Damit der Flightcontroller Kurven im *Auto*-Modus richtig berechnen kann und es zu keiner Fahrspur außerhalb der programmierten Route kommt, muss der Wenderadius, genauer gesagt der Durchmesser des Wendekreises, eingegeben werden.

- *TURN_MAX_G* ist die maximal eingestellte Kurvenbeschleunigung, die dem Rover vorgibt, wie schnell er in einer Kurve fahren darf. Jeder Rover hat einen anderen Schwerpunkt in der Horizontalen. Stellen wir uns einen Formel-1-Wagen und einen hohen Lkw vor. Fährt der Formel-1-Wagen mit 100 km/h in eine enge Kurve, wird der Pilot auf eine Seite in seinem Cockpit gedrückt, der F1-Bolide aber fährt seine Linie auf der Strecke ohne Probleme.

  Stellen Sie sich dagegen vor, ein voll beladener, großer Lkw würde mit 100 km/h in eine enge Kurve fahren - man müsste die Ladung im Kiesfeld wieder zusammensuchen, da der Lkw durch die hohe Kurvenfliehkraft aus der Kurve getragen und auf der Seite liegen würde. Deshalb müssen Sie Ihrem Flightcontroller über diesen Parameter mitteilen, wie hoch die Kurvenfliehkraft beim Befahren einer Kurve maximal sein darf.

- *NAVL1_PERIOD* gibt die Rate an, mit der der Flightcontroller den Ist- mit dem Sollzustand auf der *Auto*-Modus-Route vergleicht. Wird dieser Wert etwas höher eingestellt, reagiert der Rover erst spät auf eine Abweichung von der Route. Wird der Wert niedriger eingestellt, verhält sich der Rover aggressiver und versucht peinlichst genau und sehr schnell, seiner einprogrammierten Route zu folgen.

- *SPEED_TURN_GAIN* gibt die Verzögerung an, mit der der Rover in eine Kurve fährt. Die Fahrgeschwindigkeit geradeaus ist um einen gewissen Faktor höher als die in einer Kurve. Das ist unter dem Aspekt der Kurvenfliehkraft natürlich sinnvoll. Dieser Parameter gibt also an, mit wie viel Prozent der maximalen Fahrgeschwindigkeit auf der Geraden der Rover eine Kurve fahren soll. 100 % bedeutet also kein Abbremsen vor oder in der Kurve, 50 % bedeutet, dass der Rover mit der halben Maximalgeschwindigkeit in die Kurve fährt.

- *CRUISE_SPEED* gibt an, wie schnell sich der Rover im *Auto*-Modus maximal vorwärts bewegen soll/darf. Die Standardeinstellung ist 2, das bedeutet, dass er maximal zwei Meter pro Sekunde (m/s) schnell sein darf.

- *CRUISE_THROTTLE* ist eine Angabe, die der Flightcontroller benötigt, um im *Auto*-Modus die richtige Geschwindigkeitsregelung für den Rover zu finden. Der Wert gibt also an, bei wie viel Prozent Stick-Ausschlag auf dem Throttle-Kanal der Rover die maximal eingestellte Geschwindigkeit (*CRUISE_SPEED*) fährt. Dies kann während des Betriebs im Mission Planner abgelesen werden.

1. Um diese wichtigen Parameter anzupassen, setzen Sie zunächst alle Parameter auf die nebenstehenden Ausgangswerte.

2. Für die Einstellung aller sechs Parameter gehen Sie nach einem bestimmten Schema vor. Zuerst setzen Sie alle Parameter wie in der Tabelle beschrieben auf die gezeigten Werte, und zwar direkt unter *CONFIG/TUNING* im Menü *Full Parameter List*. Dort sehen Sie alle möglichen Variablen. Suchen Sie beim Herunterscrollen die Parameter Ihrer Liste und tragen Sie die Werte ein.

   Haben Sie alle Werte geändert, speichern Sie sie mit einem Klick auf *Parameter Speichern*.

PARAMETER	AUSGANGSWERT
STEER2SRV_P	2
TURN_MAX_G	1
NAVL1_PERIOD	30
SPEED_TURN_GAIN	100
CRUISE_SPEED	1
CRUISE_THROTTLE	20

Standardeinstellungen der sechs wichtigsten Roverparameter

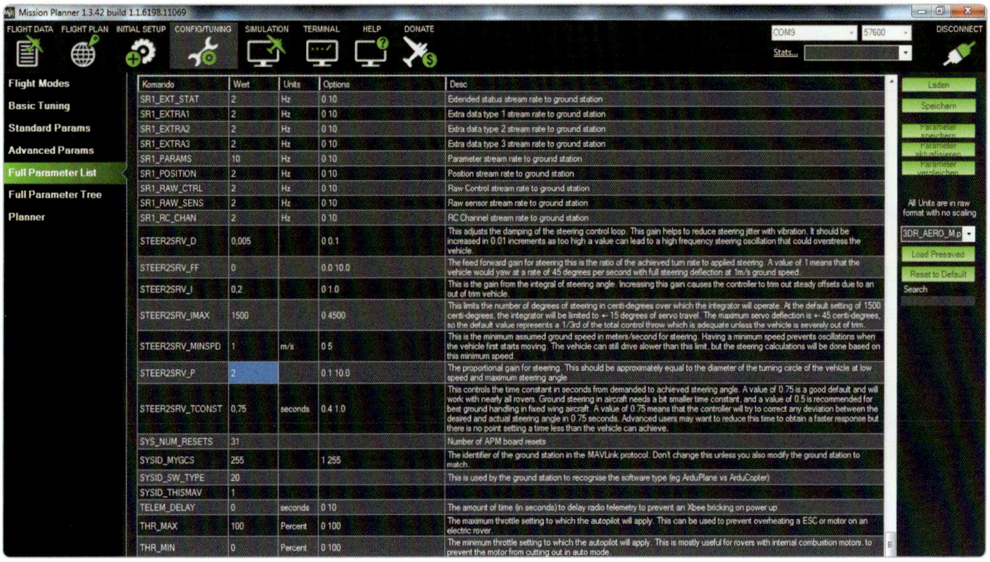

Einstellen der sechs wichtigsten Parameter im Mission Planner.

3. Schalten Sie die Fernsteuerung ein und setzen Sie den Fahrmodus auf *Manual*. Schalten Sie den Rover ein und verbinden Sie ihn mithilfe des Telemtriemoduls mit dem Notebook. Sie können nun alle Daten live am Notebook ablesen.

4. Gehen Sie der Reihe nach alle sechs Parameter durch und stellen Sie sie ein. Beginnen Sie mit dem Wendekreis. Dazu stellen Sie den Rover auf den Boden und suchen sich eine große Fläche. Am besten geeignet ist ein großer, leerer Parkplatz oder eine große, flach gemähte Wiese. Schlagen Sie die Räder des Rovers voll ein, markieren Sie den Startpunkt und fahren Sie einen vollen Kreis. Wenn der Rover nicht genau am Ausgangspunkt ankommt, macht das nichts.

DEN ROVER AGILER MACHEN

Der Rover, der in diesem Projekt verwendet wird, hat standardmäßig einen Allradantrieb und eine lenkbare Vorderachse. Mit nur einer Lenkachse ist er jedoch, was den Wendekreis angeht, nicht sehr agil. Der Rover besitzt allerdings einen vorgefertigten Aufsatz am hinteren Rahmen, um auch dort ein Servo mit der Achse zu verbinden und den Rover in seinem Kurvenverhalten agiler zu machen. In der Anleitung des Rovers ist dieser Umbau angedeutet.

Das liegt daran, dass er zwar Allradantrieb hat, aber kein Differenzialgetriebe, das die Räder einzeln ansteuert, um in einer Kurve den Drift der Vorderräder auszugleichen.

5. Messen Sie den Durchmesser der Kurve. In diesem Beispiel sind das etwa 2,3 m - ein sehr großer Wendekreis für einen großen Rover. Manch einer mag denken, dass das fast der Wendekreis eines Smarts sei, allerdings können wir am Rover ein zweites Servo zur Steuerung der Hinterachse einbauen.

   Unter dem Parameter *STEER2SRV_P* tragen Sie nun in der *Full Parameter List* den Wert 2,3 ein.

6. Jetzt stellen Sie den Bezugswert zwischen der Rovergeschwindigkeit und dem Stick-Ausschlag ein. Zu Beginn haben wir den *CRUISE_SPEED* auf 1 eingestellt. Das bedeutet, die Referenzgeschwindigkeit beträgt ein Meter pro Sekunde (m/s). Nun müssen Sie in den Parameter *CRUISE_THROTTLE* den Stick-Ausschlag schreiben, den Sie an Ihrer Fernsteuerung auf dem Throttlestick haben, wenn der Rover 1 m/s fährt. Der Rover muss dazu per Telemetrie verbunden sein. In unserer GUI am Notebook sehen wir auf der linken unteren Seite mehrere Zahlenwerte. Der rechte obere davon (*GroundSpeed (m/s)*) zeigt uns die aktuelle Geschwindigkeit des Rovers.

Anzeige der aktuellen Rovergeschwindigkeit im Mission Planner.

Es ist von Vorteil, wenn Sie einen Freund um Hilfe bitten, denn das gleichzeitige Ablesen des Werts und das Steuern des Rovers ist schwierig. Jemand sollte immer den Wert am Notebook im Blick behalten.

Fahren Sie eine Strecke geradeaus und erhöhen Sie allmählich die Geschwindigkeit. Wenn der Wert etwa auf *1,00* steht, merken Sie sich die aktuelle Stick-Position des Throttlesticks. In unserem Fall steht er bei etwa 80 % des gesamten Ausschlags in Vorwärtsrichtung. In der Software tragen wir also bei *CRUISE_THROTTLE* den Wert 80 ein und speichern erneut.

Nun müssen wir zwei weitere Parameter einstellen, die speziell für unseren Rover wichtig sind. An unserer Roverdrohne ist das Servo so eingebaut, dass wir die Lenkrichtung in der Mission Planner Software umkehren müssen. Wird dies nicht eingestellt, fährt der Rover einfach nur in Bögen nach vorne und weiß nicht, wohin er fahren soll. In manchen Fällen kann es zudem vorkommen, dass die RC-ppm Werte des ersten Kanals auf 0 stehen. Das bedeutet, dass das Servo vom Flightcontroller überhaupt nicht gelenkt werden kann, da keine Steuerbefehle übertragen werden können. Ist das der Fall, müssen die Grenzwerte, die Sie in der Radio Calibration finden, für den Kanal 1, also die Lenkung, eingetragen werden.

Für diese beiden Einstellungen gehen wir auf den Reiter *CONFIG/TUNING* und dort auf *Full Parameter List*. Dort tragen wir für *RC1_MAX* den oberen Grenzwert (1923), bei *RC1_MIN* den unteren (1089) und bei *RC1_REV* den Wert *-1* ein, um das Servo umzukehren.

GPS-SENSOR-SIGNAL

In der Software Mission Planner am Notebook oder Tablet werden einige Livedaten des Rovers angezeigt. Unter anderem sehen wir die aktuelle Fahrgeschwindigkeit des Rovers. Dieser Wert ist allerdings nur aussagekräftig, wenn der Rover einen guten GPS-Empfang hat. Ist das nicht der Fall, springt dieser Wert ein wenig hin und her, was ein Anzeichen dafür ist, dass der GPS-Sensor noch kein gutes Signal bekommt.

Den Lenkservo im Mission Planner einstellen.

Der Ultraschallsensor misst die Entfernung zu einem Objekt vor dem Rover. Mit dem Parameter *RNGFND_TRIGGER_CM* wird die Entfernung in Zentimetern eingestellt, die ein Objekt noch entfernt sein kann. Wird dieser Wert, den wir auf 150 cm einstellen, unterschritten, lenkt der Rover automatisch in einem bestimmten Winkel vorbei. Dieser Winkel wird mit dem Parameter *RNGFND_TURN_ANGL*, der auf 45° steht, eingestellt.

Einstellen der geringsten Objektentfernung und des Ausweichwinkels.

Haben wir alles eingestellt und gespeichert, ist unser Rover fertig gebaut und eingestellt. Jetzt können wir neue Missionen programmieren und den Rover autonom Missionen fahren lassen, sodass er sogar Hindernisse erkennt und umfährt.

Um eine Mission zu planen, muss der Rover verbunden sein. Dazu gehen wir zum Reiter *FLIGHT PLAN*. Unter diesem Punkt kann eine Route festgelegt werden, die der Rover autonom abfahren soll. Als Erstes schieben Sie die MAP so zurecht, dass Sie das spätere Einsatzgebiet sehen.

KARTEN-EINSTELLUNGEN

Wer unterwegs oder vor Ort ohne Internetverbindung eine Strecke erstellen möchte, kann über *Karteneinstellungen/ Prefetch* den aktuellen Kartenausschnitt vorspeichern, der dann auch ohne Internetverbindung detailliert dargestellt wird.

Klicken Sie mit der rechten Maustaste an die Stelle, an der Sie den Rover anschalten werden, und setzen Sie dort mit *Set Home Here* die Home-Position. Klicken Sie dann mit der linken Maustaste auf die Map und setzen Sie nach und nach die einzelnen Wegpunkte. Die Wegpunkte können in der unteren Liste auch angepasst oder zu anderen Funktionen wie *Wartepunkte* oder *Zurück nach Hause* geändert werden. Haben Sie die Mission erstellt, klicken Sie auf *WPs speichern*. Die Mission ist nun im Rover gespeichert und kann im *Auto*-Modus abgefahren werden.

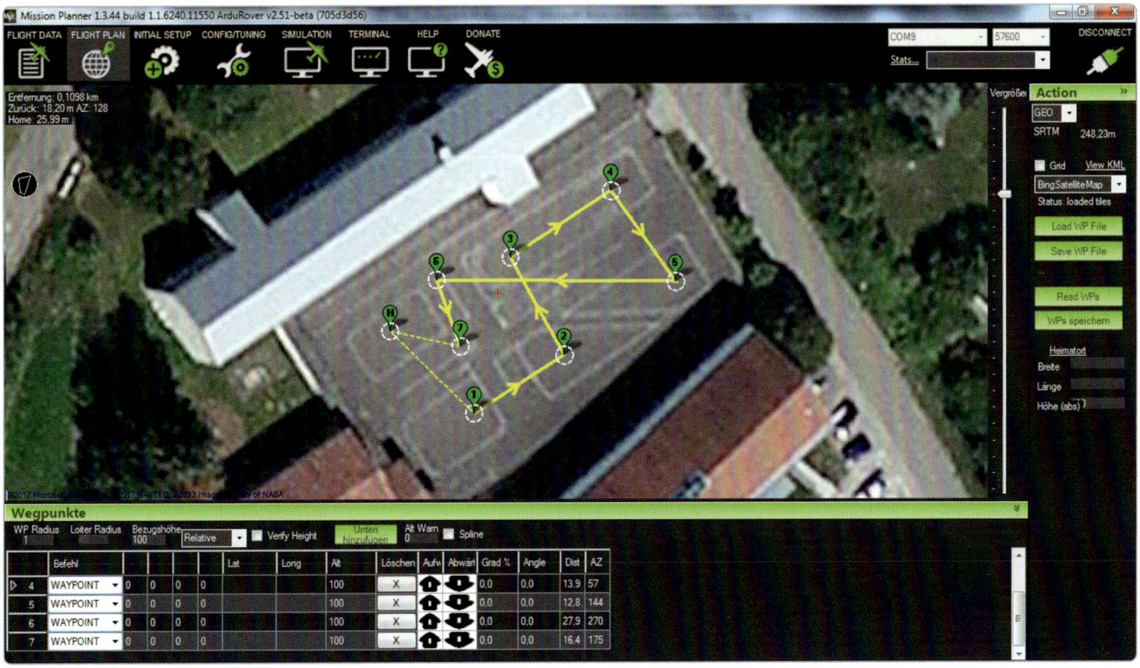

Mit dem Mission Planner eine Mission erstellen.

AUTONOME FUNKTION TESTEN

Wenn Sie eine Mission erstellt haben, können Sie die die autonome Funktion des Rovers testen. Im Steering-Mode fährt der Rover so wie im Auto-Mode, mit dem Unterschied, dass Sie den Gashebel an der Fernsteuerung bedienen. Sie können also, ohne einen Crash zu riskieren, nur etwas Gas geben und beobachten, ob der Rover genau das macht, was er soll. Auch die Vermeidung von Objekten funktioniert hier schon und kann getestet werden.

4

STUFE 2: FPV-TUNING

Eine günstige Alternative zu einer teuren Action-Cam, die gleichzeitig aufnehmen und das Bild über einen AV-Out ausgeben kann, ist die Qumox SJ4000. Mithilfe eines geeigneten AV-Out-Kabels können wir sie für unseren Zweck einsetzen.

Der zweite Bauabschnitt des Roverprojekts beinhaltet die Installation eines FPV-Systems mit Videoübertragungstechnik, mehreren Kameras und einem Scheinwerfer. Wer nicht unbedingt den Autopiloten, also den Flightcontroller, am Rover verbauen möchte, kann die gesamte FPV-Technik auch ohne ihn installieren und den Rover später über die Fernsteuerung, den Empfänger und das Live-FPV-Bild am Monitor steuern.

BAUTEILE, OHNE DIE NICHTS GEHT

Grundsätzlich besteht eine FPV-Anlage aus folgenden Komponenten:

- Kamera
- Videosender
- Videoempfänger
- FPV-Brille oder -Monitor

Damit das überaus ambitioniert gesetzte Ziel umgesetzt werden kann, benötigen Sie für Aufnahme und Liveübertragung des Videobilds gleichzeitig eine Action-Cam, die diese Möglichkeiten bietet. Weiterhin möchten wir aus dem Inneren des Rovers nicht nur die Welt von uns, sondern auch die hinter uns sehen, was eine zweite, kleine FPV-Cam nötig macht. In der Dunkelheit wollen wir ebenfalls eine klare Sicht nach vorne haben und installieren neben der Action-Cam eine weitere kleine FPV-Cam, die auch bei geringsten Lichtverhältnissen ein gutes Bild liefert.

Um mit der Action-Cam verwacklungsfreie Bilder erzeugen zu können, benötigen wir ein Gimbal, an das die Action-Cam angebracht wird. Auch wenn wir bei Nacht einmal nicht die Nacht-FPV-Cam benutzen können oder wollen, möchten wir natürlich etwas sehen, um den Rover richtig steuern zu können. Dafür eignet sich sehr gut ein kleiner, schwenkbarer Scheinwerfer, den man auch mit der Steuerung des Gimbals verbinden kann.

Um alle drei Kameras benutzen zu können, ohne gleich drei einzelne FPV-Sender zu benötigen, wird ein Drei-Kanal-FPV-Switch installiert, der es erlaubt, zwischen den Kameras hin und her zu schalten. Das Videobild der Kameras übertragen wir mit einer FPV-Anlage, bestehend aus FPV-Sender und -Empfänger. Das Bild selbst wird an einem kleinen Monitor ausgegeben, vorzugsweise an einem Monitor, in dem schon ein FPV-Empfänger eingebaut ist.

Mithilfe eines günstigen 2-Achsen-Copter-Gimbals, in das die SJ4000 passt, machen wir das Sichtfeld beweglich.

Für die Sicht bei Nacht sorgt eine kleine, leichte RunCam Owl, die auch bei sehr wenig Licht ein gutes Bild liefert.

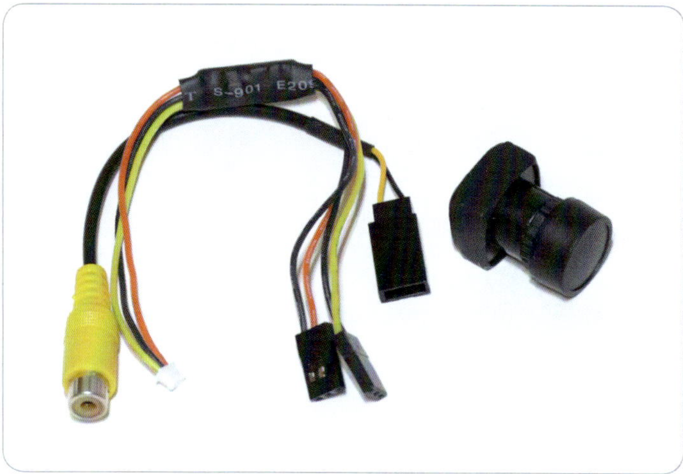

Die FPV-Anlage stellen wir uns zusammen aus einem FPV-Sender von Quanum …

… sowie einem FPV-Empfänger und -Monitor in einem Gerät von Boscam.

In der folgenden Tabelle finden sich alle Bauteile, die wir für das komplette FPV-Tuning benötigen.

NR.		BEZEICHNUNG	EINZELPREIS	ST.	GESAMTPREIS
1		Action-Cam SJ4000	70 Euro	1	70 Euro
2		Gimbal für Action-Cam	15 Euro	1	15 Euro
3	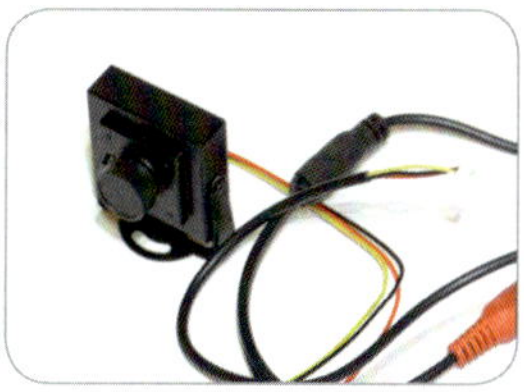	FPV-Kamera HD 700 TVL	12 Euro	1	12 Euro
4	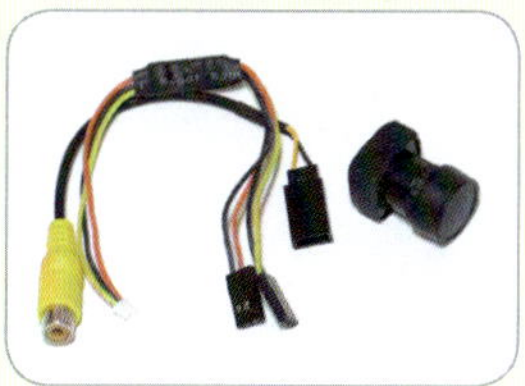	FPV Nightcam RunCam Owl 700 TVL Starlight	45 Euro	1	45 Euro
5	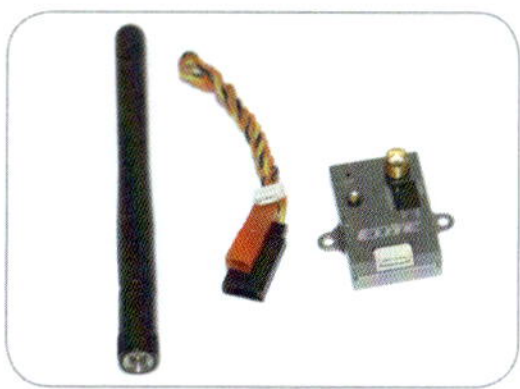	FPV-Sender Quanum Elite X50-L 25 mW	25 Euro	1	25 Euro

NR.		BEZEICHNUNG	EINZEL-PREIS	ST.	GESAMT-PREIS
6		FPV-Empfänger + -Monitor Boscam Galaxy D2 PLUS	125 Euro	1	125 Euro
7	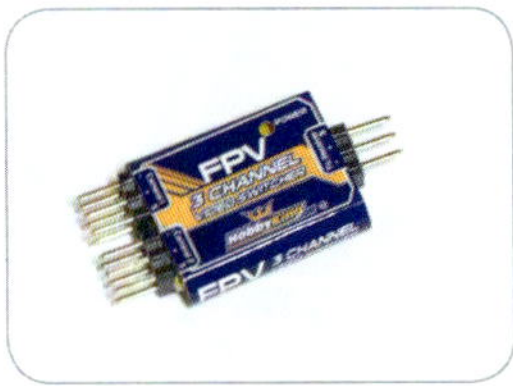	3-Kanal-FPV-Switch	4 Euro	1	4 Euro
8	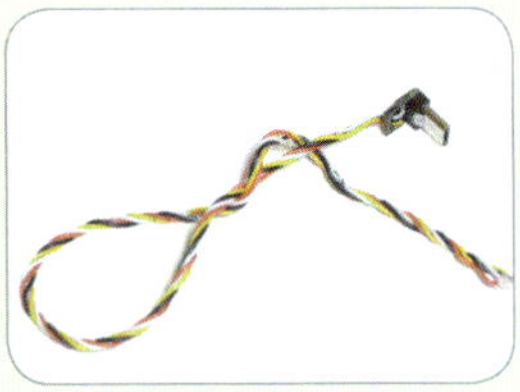	FPV-AV-Out-Kabel	3 Euro	1	3 Euro
9		Scheinwerfer Searchlight mit Pan/ Tilt-Steuerfunktion	10 Euro	1	10 Euro
10		Hochlast-Widerstand 0,47R 25W	4 Euro	1	4 Euro
11	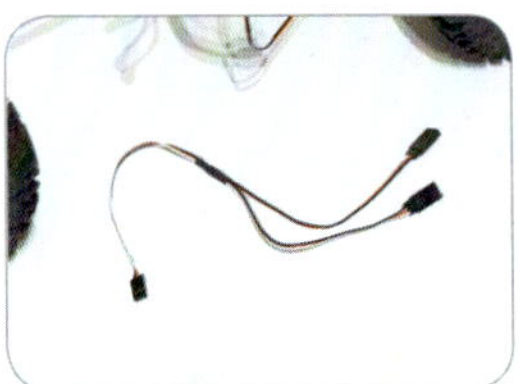	Y-Servokabel	2 Euro	1	2 Euro

NR.		BEZEICHNUNG	EINZELPREIS	ST.	GESAMTPREIS
12	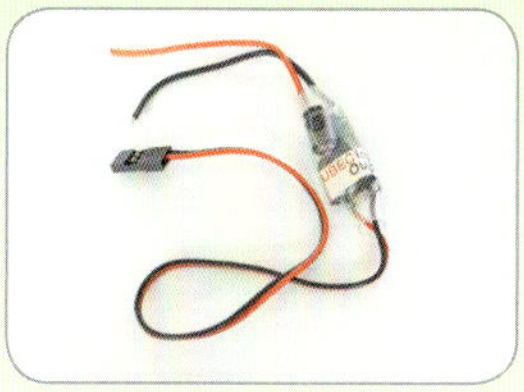	UBEC 5V 3A	8 Euro	1	8 Euro
13	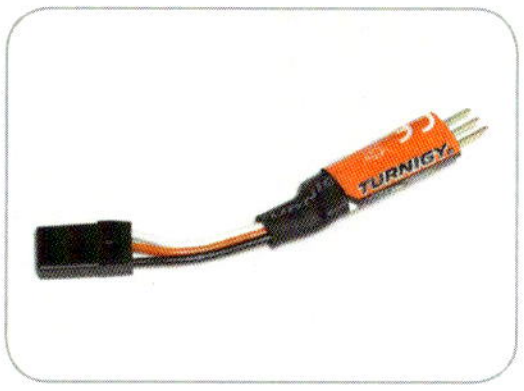	Servo-Signalumkehrer	7 Euro	1	7 Euro
14	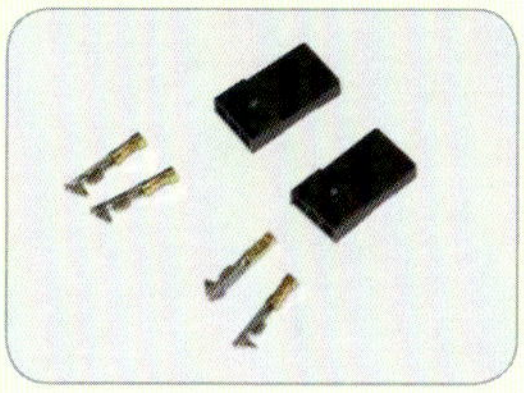	Servostecker	1 Euro	3	3 Euro
15	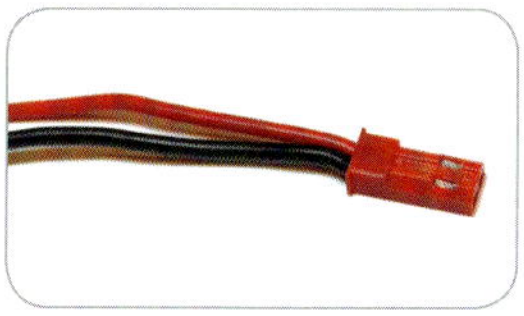	JST-Stecker	2 Euro	1	2 Euro
16	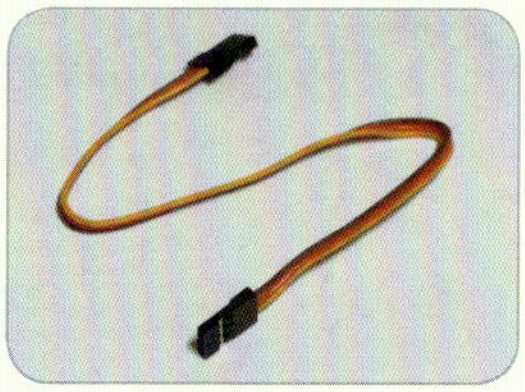	Servokabel Male to Male	2 Euro	1	2 Euro
			Summe		**337 Euro**

Für das FPV-Tuning benötigte Bauteile.

Für die gesamte FPV-Anlage und den Scheinwerfer müssen Sie also mit Kosten von ungefähr 340 Euro rechnen. Wer nicht unbedingt einen Monitor benötigt, kann auch auf eine günstigere Variante eines FPV-Empfängers für 25 Euro und eine erschwingliche FPV-Brille für 25 Euro zurückgreifen. Der Monitor ist allerdings sehr praktisch, da er einen eingebauten Akku und zwei separate Empfänger hat (bessere Bildstabilität).

Zusätzlich zu den genannten Bauteilen benötigen Sie folgende Kleinteile, um alle Komponenten befestigen und anschließen zu können:

- 2 kleine M2-Schrauben beispielsweise eines Servos
- 3 M3-Unterlegscheiben
- 3 M3-Muttern selbstsichernd
- Stromkabel
- Schrumpfschlauch

Jetzt haben wir alle Bauteile zusammen und können mit dem Einbau der FPV-Anlage beginnen.

BAUPHASE SCHRITT FÜR SCHRITT

Zuerst benötigen Sie ein Schema, an das Sie sich halten können, wenn es um die einzelnen Verbindungen zwischen den Kameras, dem Switch und allen weiteren Elektronikkomponenten geht. Hier ist vor allem auf die verschiedenen Spannungslevel der einzelnen Bauteile zu achten. Die FPV-Kameras benötigen nicht alle die gleiche Spannung, und somit dürfen wir nicht einfach alle an eine Spannungsquelle anschließen. Unsere Hauptspannung ist die des 2S-LiPo-Akkus. Er hat im Mittel eine Spannung von 7,4 V. Mit diesem Wert können wir etwas anfangen.

Spannungsbereiche der Bauteile

In der folgenden Tabelle finden Sie die möglichen Eingangsspannungen der Kameras sowie die mögliche Ausgangsspannung des FPV-Senders. Dieser hat auch eine Spannungsversorgung für angeschlossene FPV-Kameras. Unsere Action-Cam müssen wir hier nicht berücksichtigen, da sie einen eigenen Akku hat und nicht über die Boardspannung versorgt werden muss.

BAUTEIL	EINGANGS-SPANNUNG	AUSGANGS-SPANNUNG
LiPo-Akku		7,4 V
FPV-Sender	7 bis 20 V	5 V
RunCam Owl	5 bis 24 V	
Back-Cam 700 TVL	6 bis 18 V	

Spannungsbereiche der FPV-Bauteile

Das Drehkreuz unserer gesamten FPV-Anlage wird der Drei-Kanal-FPV-Switch bilden. Der Vorteil dabei ist, dass die Spannungsversorgung an allen drei Kameraeingängen und dem Senderausgang geteilt wird.

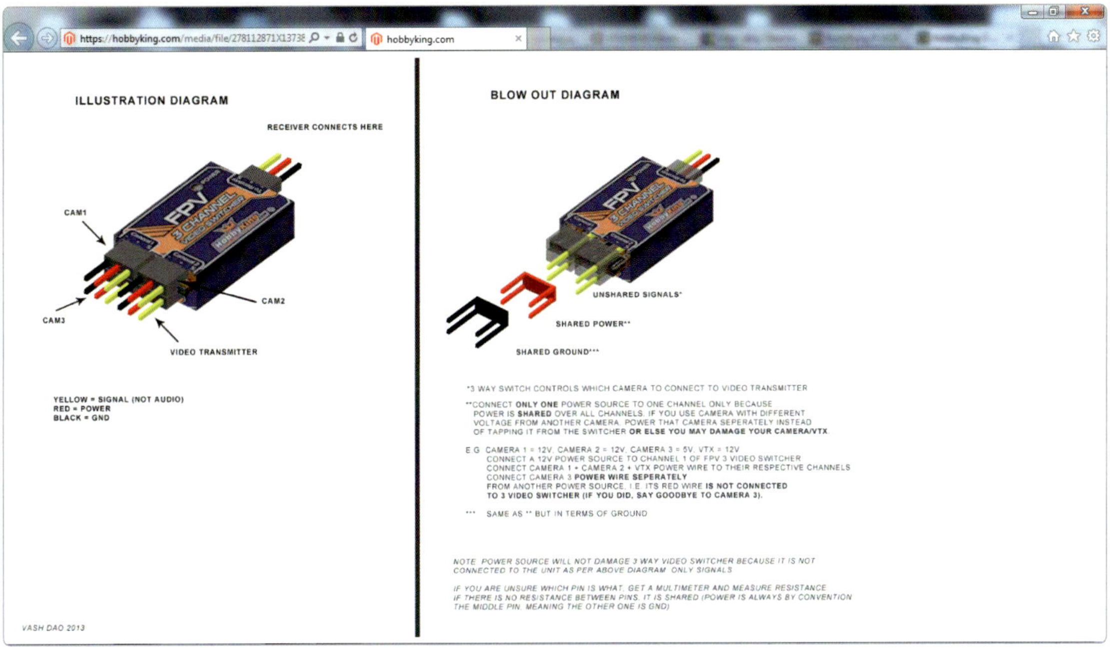

Aufbau des Drei-Kanal-FPV-Switchs.

Sie sehen, dass bei allen vier Kanälen die Spannung geteilt wird. Sehr wichtig ist also, dass nur an einen der vier Kanäle des Switchs eine Spannungsversorgung (Eingangsspannung) gelegt wird. Allerdings ergibt sich das Problem, dass Owl-Cam und Back-Cam verschiedene Eingangsspannungen benötigen. Eine der beiden Kameras müssen wir daher doch direkt an den Akku anschließen.

Wir legen einfach die Ausgangsspannung des FPV-Senders an den Switch und versorgen damit auch die Owl-Cam, denn sie benötigt mindestens die 5 V, die der FPV-Sender an der Ausgangsseite zur Verfügung stellt. Die Back-Cam werden wir direkt über den LiPo-Akku mit Spannung versorgen.

Direkte Videosignalverbindungen

Jetzt fehlen nur noch die direkten Videosignalverbindungen. Hierfür ist es wichtig zu wissen, dass alle Kameras über das rote Kabel mit Spannung versorgt werden, das Videosignal über ein gelbes Kabel (in der Regel) und dass das schwarze Kabel der Minusanschluss, sprich die Masse oder Ground genannt, ist. Die drei Videosignale sowie die Masse der Kameras werden also direkt an den Switch gelegt.

Für unsere gesamte FPV-Anlage direkt am Rover können wir nach folgendem Schema vorgehen und alles wie folgt anschließen:

SPANNUNG FÜR DIE RUNCAM OWL

Die RunCam Owl kann mit einer Spannung von 5 bis 24 V betrieben werden. Das gilt allerdings nur für den Fall, dass das mitgelieferte Anschlusskabel verwendet wird. In diesem befindet sich ein Spannungsregler, der die Spannung an die Kamera anpasst. Wird ein eigenes Kamerakabel genutzt, darf die Cam lediglich mit 3,3 V betrieben werden.

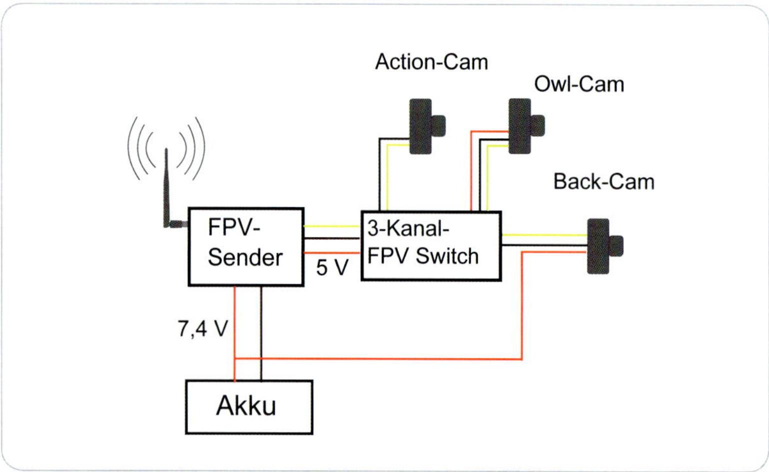

Anschlussschema der FPV-Anlage.

Anschlussschema für den Scheinwerfer

Nun widmen wir uns dem Anschlussschema unseres Scheinwerfers. Er hat eine Eingangsspannung, die dem Spannungslevel eines Ein-Zellen-LiPo-Akkus ähnelt. Das bedeutet, dass der Scheinwerfer eigentlich dazu ausgelegt ist, direkt an einen 1S-LiPo-Akku angeschlossen zu werden. Ein zweiter Akku soll aber nicht unbedingt am Rover installiert werden, da dieser dann separat überwacht und aufgeladen werden müsste.

Wir müssen uns also Gedanken darüber machen, wie wir den Scheinwerfer dennoch an unsere Boardspannung anschließen können. Hierfür kann zum einen direkt ein Vorwiderstand zwischen den Akku und den Scheinwerfer gelötet werden, eine weitere Möglichkeit ist das Dazwischenschalten eines UBEC. In diesem Fall benötigen wir einen kleineren Vorwiderstand, da ein UBEC die Spannung schon auf konstante 5 V herunterregelt. Das ist auch ein großer Vorteil gegenüber einem einzigen Widerstand zwischen Akku und Scheinwerfer, da eine konstante 5-V-Ausgangsspannung ausgegeben wird und wir den Vorwiderstand sehr leicht berechnen können.

Der Akku hat bei voller Ladung 8,4 V (2S geladen = 4,2 V/Zelle * 2). Das ausgewählte UBEC regelt diese Spannung herunter auf 5 V und liefert maximal 3 A. Da der Scheinwerfer maximal 2 A benötigt, ist dahingehend alles im grünen Bereich. Der Scheinwerfer darf allerdings mit maximal 4,2 V betrieben werden. Daher benötigen wir einen Vorwiderstand, an den 0,8 V abfallen und der mindestens 10 W (4,2 V * 2 A = 8,4 W) verträgt.

FPV-Anlage und Scheinwerfer einbauen

Haben wir alles berechnet und im Voraus schematisch durchdacht, was wir wie und wo anschließen müssen, können wir uns dem Einbau der FPV-Anlage und des Scheinwerfers widmen.

1. Legen Sie alle Komponenten so auf den Rover, wie sie später befestigt werden sollen, um zu sehen, wie lang die Verbindungskabel sein müssen. Mit dem Platz müssen wir leider etwas sparsam umgehen, da die Platte relativ schmal ist. Wir können sie aber nicht verbreitern, da sonst die Räder bei voller Federung an der Platte anschlagen könnten.

2. Befestigen Sie zuerst alle Bauteile, um die Kabellängen abschätzen zu können und danach alles zu verbinden. Beginnen Sie mit dem Vorderteil des Rovers, an dem die Owl-Cam, das Gimbal mit der Action-Cam und der Scheinwerfer befestigt werden. Das Gimbal und den Scheinwerfer befestigen Sie mit Schrauben und Muttern, dafür müssen Sie aber erst einmal die Kunststoffplatte durchbohren.

3. Für die Befestigungsbohrungen des Gimbals und des Scheinwerfers reißen Sie mit einem spitzen Dorn oder Ähnlichem die Bohrungen an der Kunststoffplatte an. Die zwei Bohrungen zur Befestigung des Gimbals durchbohren Sie mit einem 3,2-mm-Bohrer, die für den Scheinwerfer mit einem 1,8-mm-Bohrer, und zwar einmal komplett durch die Kunststoffplatte.

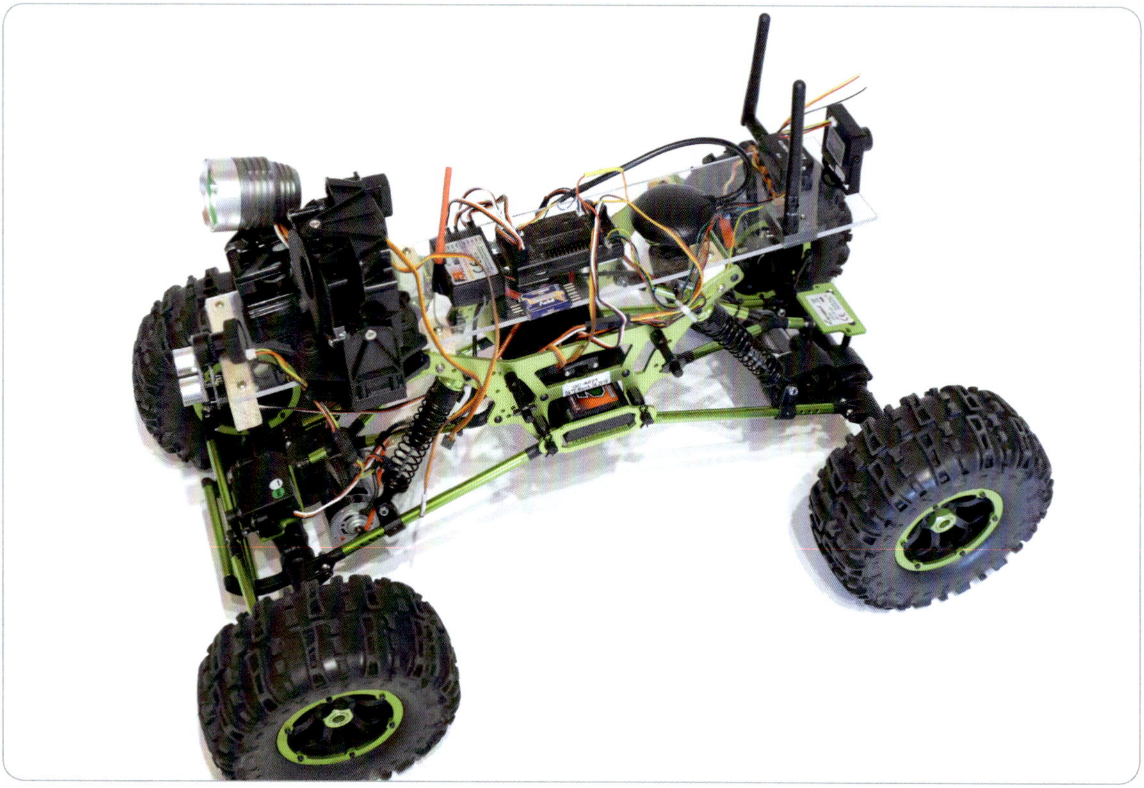

FPV-Equipment und Scheinwerfer – am Rover positioniert.

DER LÖTKOLBEN

Um Kabel und Stecker miteinander zu verbinden, wird ein Lötkolben benötigt. Es gibt verschiedene Ausführungen von Lötkolben. Die meisten werden direkt über die 230-V-Steckdose mit Strom versorgt, andere können auch über einen LiPo-Akku versorgt werden und sind somit mobil einsetzbar. Besitzen Sie einen festen 230-V-Lötkolben, kann es ratsamer sein, nicht alle Komponenten zu befestigen, sondern sie erst provisorisch anzuheften, um sie zum Löten wieder herausnehmen zu können.

Bohrungen für Gimbal und Scheinwerfer durch die Kunststoffplatte.

4 Für die Befestigung des Gimbals benötigen Sie zwei M3-Schrauben, zwei Unterlegscheiben und zwei selbstsichernde M3-Muttern. Der Scheinwerfer hat kleinere Durchgangsbohrungen zur Befestigung, deshalb benötigen Sie hier M2-Schrauben. Wer beispielsweise noch Befestigungsmaterial von kleineren Servos zu Hause herumliegen hat, findet bestimmt ein paar M2-Schrauben. Alternativ können die Bohrungen auf 3,2 mm erweitert werden, dann kann der Scheinwerfer ebenfalls mit M3-Schrauben befestigt werden.

Befestigungsmaterial zur Montage des Gimbals und des Scheinwerfers.

5 Das Gimbal befestigen Sie mit den M3-Schrauben und den Muttern, den Scheinwerfer mit den M2-Schrauben. Die Schrauben werden vorsichtig reingedreht, und das Gewinde wird in die Platte geschnitten.

Gimbal und Scheinwerfer auf der Montage angebracht.

6 Jetzt fehlt an der Vorderseite des Rovers nur noch die Owl-Cam, die allerdings weder Befestigungsmöglichkeiten noch ein extra Gehäuse hat. Aus diesem Grund befestigen Sie die Cam mit doppelseitigem Klebeband, strapazierfähigem Isolierband und einer Objektivunterlage.

Das Objektiv der Kamera sitzt mittig auf dem Gehäuse. Um die Cam also gerade nach vorne auszurichten, müssen wir dem Objektiv vorne etwas unterlegen und die Cam dann befestigen. Es kann vieles verwendet werden, um das herausragende Objektiv zu stützen. Im Bild zu sehen ist eine Unterstützung durch zurechtgeschnittene Filzstopper. Danach wird die Cam mit doppelseitigem Schaumstoffklebeband auf die Kunststoffplatte geklebt und mit Isolierband gesichert.

OBJEKTIVUNTERSTÜTZUNG DRUCKEN

Wer direkten Zugang zu einem 3-D-Drucker hat, kann sich eine Objektivunterstützung auch designen und drucken. Sie sollte direkt an den Radius des Objektivs angepasst sein.

Info: Die Owl-Cam schaltet abends bei zunehmender Dunkelheit irgendwann in einen Schwarz-Weiß-Modus um. Der Ultraschallsensor hat eine metallische Oberfläche und reflektiert stark das Restlicht in die Kamera. Um das zu verhindern, können Sie die Oberseite des Sensors mit schwarzem Klebeband abkleben.

Befestigen der Owl-Cam an der Vorderseite des Rovers.

7. Das Anschlusskabel der Owl-Cam besteht aus zwei getrennten Servosteckern. Der eine dient dem Anschluss an einer Spannungsquelle, der andere der Videosignalübertragung. Da wir die Owl-Cam über den Drei-Kanal-Switch mit Spannung versorgen werden, benötigen wir den extra Spannungsanschluss der Cam nicht. Sie müssen jedoch das rote Pluskabel der Spannungsversorgung der Cam aus dem Servostecker herausnehmen und dem Signalkabelstecker hinzufügen.

   Mithilfe eines kleinen und flachen Schraubenziehers hebeln Sie die kleine Nase am Servostecker auf und ziehen das rote Kabel heraus. Das Kabel stecken Sie in die Mitte des anderen Steckers. Beim Anstecken an den Switch wird so die Kamera über den mittleren Anschluss des Servosteckers mit 5 V Spannung versorgt.

Umstecken des Kamerakabels zwischen Owl-Cam und Switch.

FREIGÄNGIGES GIMBAL

Die Action-Cam wird mittels eines USB-Kabels mit dem FPV-Sender verbunden. Da unsere Action-Cam in einem Gimbal sitzt, muss unbedingt beachtet werden, dass das Gimbal komplett freigängig ist. Wenn Sie ein anderes USB-Kabel benutzen, kann es sein, dass der USB-Stecker etwas größer und das Gimbal nicht mehr freigängig ist. Sie müssen daher unbedingt darauf achten – egal welches USB-Kabel Sie benutzen –, dass der Anschlusskopf nicht zu dick ist.

AV-OUT-KABEL FÜR ACTION-CAMS

AV-Out-Kabel für Action-Cams sind nicht immer gleich aufgebaut oder haben die gleiche Farbe. Je nachdem, für welche Kamera das Kabel vorgesehen ist, können Anschlussreihenfolge und Kabelfarben abweichen. Im besten Fall befindet sich das Videosignal auf Gelb und Ground auf Schwarz. Bei einigen Kabeln kommen jedoch auch zwei schwarze Kabel vor, oder es gibt kein gelbes Kabel, sondern ein grünes und ein weißes. Dann gilt es auszuprobieren, welche Kabel die richtigen sind. Verbinden Sie dazu die Kamera mit dem FPV-Sender und beobachten Sie das gesendete Signal auf Ihrem Monitor oder in der FPV-Brille.

8 Jetzt verbinden wir erst einmal das offene USB-Kabel mit unserer Action-Cam und setzen diese in das Gimbal ein, um auch die Länge dieses Kabels abschätzen zu können. Hierfür entnehmen wir auf der Rückseite des Gimbals die beiden Splinte.

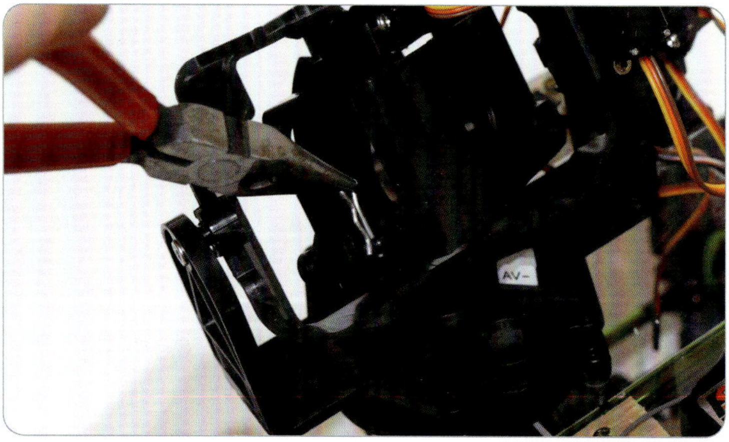

Entfernen der hinteren Gimbal-Abdeckung.

9 Sind die Splinte entfernt, kann die hintere Schutzplatte des Gimbals abgenommen und die Action-Cam in die Halterung geschoben werden. Das AV-Out-Kabel ist lang genug, um es direkt mit dem Drei-Kanal-Switch zu verbinden. Je nachdem, welches USB-Kabel Sie bestellt haben, hat es vorgefertigte Stecker oder ist an den Enden offen. Ein offenes Kabel muss noch mit einem Servostecker versehen werden. Da wir die Action-Cam nicht mit Spannung versorgen müssen, benötigen wir lediglich das Videosignal- und das Groundkabel.

Verbinden Sie die beiden Kabel mit einem Servostecker, und zwar das Videokabel außen links und das Groundkabel außen rechts. Die beiden anderen Kabelenden werden mit etwas Schrumpfschlauch isoliert.

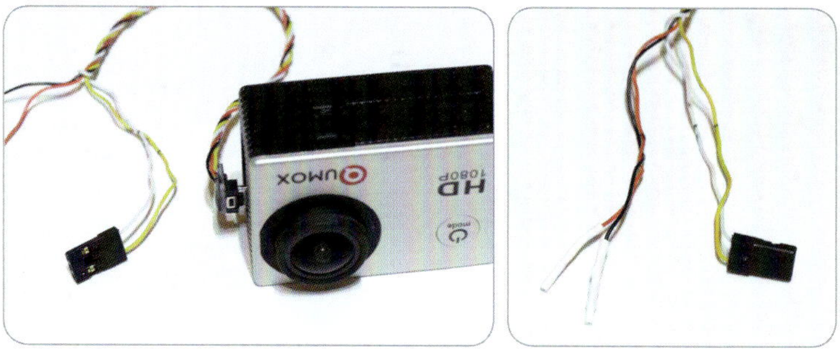

Verbinden der USB-Kabelenden mit einem Servostecker.

10 Als Nächstes widmen wir uns der Rückseite des Rovers. Hier müssen Sie die Back-Cam sowie den FPV-Sender befestigen. Den FPV-Sender platzieren Sie auf der dem Telemetriemodul gegenüberliegenden Seite und befestigen ihn dort mit doppelseitigem Schaumstoffklebeband.

Befestigung des FPV-Senders.

BACK-CAM-KABELANSCHLUSS

Der Kabelanschluss der Back-Cam sollte bei der Montage auf der unteren Seite nach hinten schauen. Erst dann ist die Kamera gerade ausgerichtet. Im umgekehrten Fall sitzt die Kamera auf dem Kopf und überträgt folglich das Videobild verkehrt herum.

11 Die Rückfahrkamera hat unten zwei große Öffnungen, durch die Sie die Kamera auf der Kunststoffplatte befestigen können. Reißen Sie durch die Öffnung der Kamerahaltung ein Loch an, nachdem Sie die Kamera richtig positioniert haben, und bohren Sie dort ein 3,2 mm großes Loch. Danach befestigen Sie die Kamera mithilfe einer M3-Schraube und einer selbstsichernden Mutter.

Befestigung der Rückfahrkamera.

⑫ Allerdings hat die Kamera, genau wie das USB-Kabel der Action-Cam, noch keinen Anschluss, Sie müssen ihn erst selbst herstellen. Wie weiter oben im Verbindungsschema zu erkennen, muss die Back-Cam über eine separate Spannungsversorgung angeschlossen werden. Das bedeutet, Sie können nicht wie bei der Owl-Cam einfach alle drei Verbindungen an den Drei-Kanal-Switch legen, sondern müssen das gelbe Videosignalkabel sowie das schwarze Groundkabel mithilfe eines Servosteckers am Switch befestigen und das rote Spannungskabel direkt hinter den Spannungssensor des APM-Flightcontrollers löten.

Bevor Sie den Servostecker anbringen, müssen Sie das gelbe und das schwarze Kabel bis zum Switch verlängern. Dafür löten Sie je eine Verlängerung ein und isolieren die Lötstelle mit Schrumpfschlauch. Danach versehen Sie die Enden mit einem Servostecker, und zwar so, dass auf einer Seite das gelbe Kabel ist und auf der gegenüberliegenden das schwarze. Die Mitte bleibt also frei.

Das rote Spannungskabel werden wir später mit weiteren Komponenten anlöten.

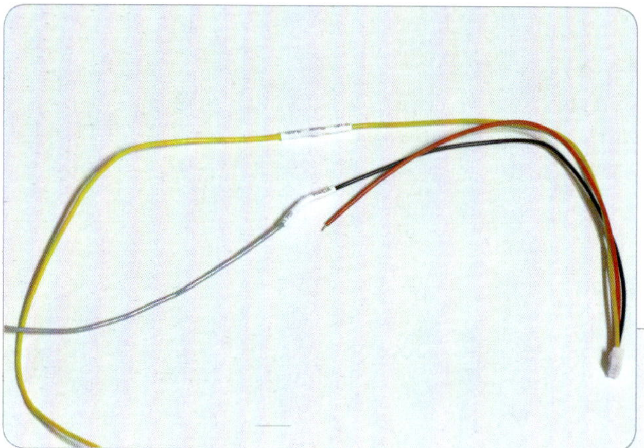

Die Kabel der Back-Cam wurden verlängert und mit einem Servostecker versehen.

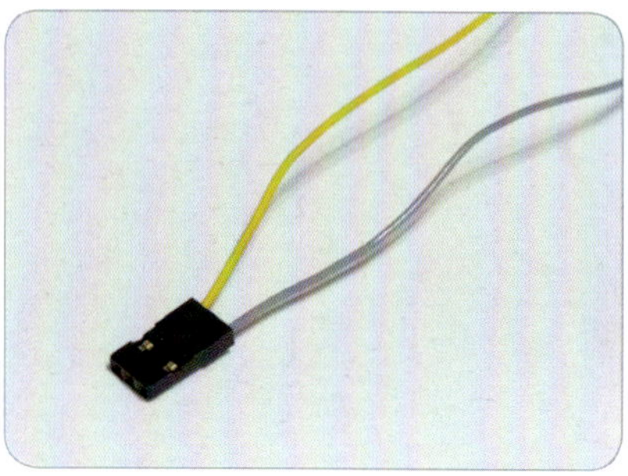

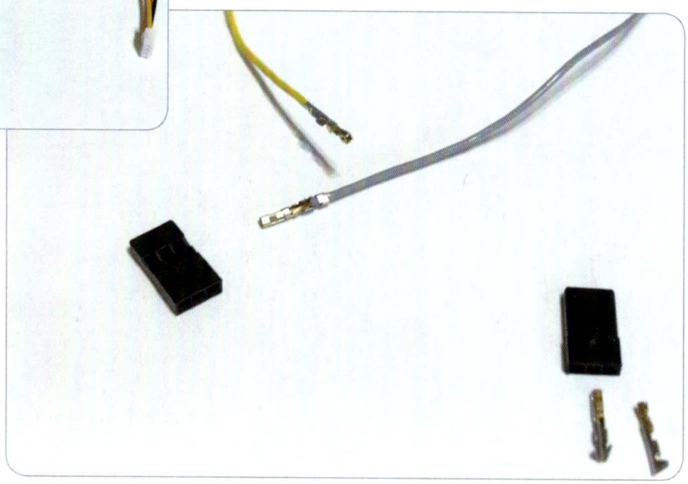

13 Der FPV-Sender hat zum Anschluss einer FPV-Kamera eine extra Servobuchse. Diese Buchse benötigen wir allerdings nicht, da der Sender, genau wie alle drei Kameras, am Switch angeschlossen werden muss. Dafür braucht der Sender einen Servostecker und muss zudem noch bis zum Switch verlängert werden.

Entfernen Sie zunächst die Servobuchse. Mit einem kleinen, flachen Schraubenzieher drücken Sie zwischen die Oberseite (die Oberseite der Buchse befindet sich dort, wo die abgeflachten Kanten sind) der Buchse und den darin befindlichen Stecker. Das Buchsengehäuse können Sie dann abziehen.

Ziehen Sie, wieder mithilfe des Schraubenziehers, die einzelnen Adern heraus, indem Sie die Widerhaken etwas anheben.

Entfernen der Servobuchse.

14. Verlängern Sie alle drei Adern mit jeweils einem Stück Kabel, sodass Sie den Drei-Kanal-Switch mit dem Kabel problemlos erreichen können.

Dazu können Sie die Kabel direkt an die noch vorhandenen Kabelspitzen löten und später mit Schrumpfschlauch versehen. Jetzt müssen Sie an allen drei Enden noch die Servoverbindungsstücke eines Steckers anbringen (klemmen). Sie müssen sie so in den Stecker schieben, dass wieder Gelb und Schwarz (Braun) jeweils außen sind und sich in der Mitte das rote Spannungskabel befindet.

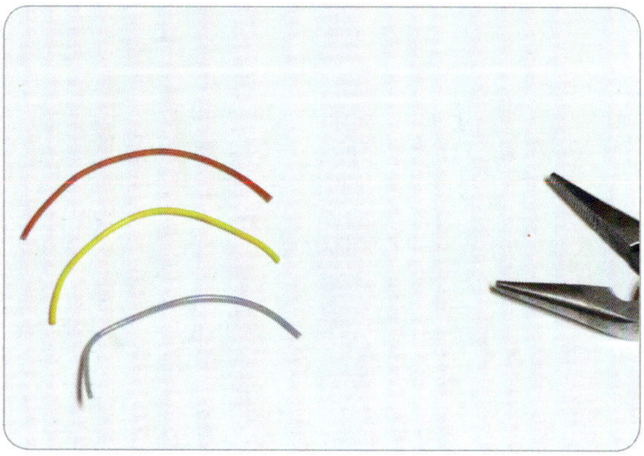

Verlängern der FPV-Senderkabel und Anbringen des Servosteckers.

⑮ Auch der FPV-Sender muss mit einer Spannung zwischen 7 und 20 V versorgt werden. Dafür hat er standardmäßig einen JST-Anschluss, über den er mit einem Akku verbunden werden kann. Dazu werden Sie eine Leitung mit dem entsprechenden Gegenstück löten, das direkt an den Akku beziehungsweise hinter den Spannungssensor geschaltet wird.

Schneiden Sie zuerst zwei Verlängerungskabel zurecht, die großzügig vom Spannungssensor bis zum jetzigen Kabelende des FPV-Senders reichen. Isolieren Sie beide Kabel an der Spitze ab und befestigen Sie an dem einen Ende einen JST-Stecker. Achten Sie dabei auf die Polarität der Buchse am FPV-Senderkabel.

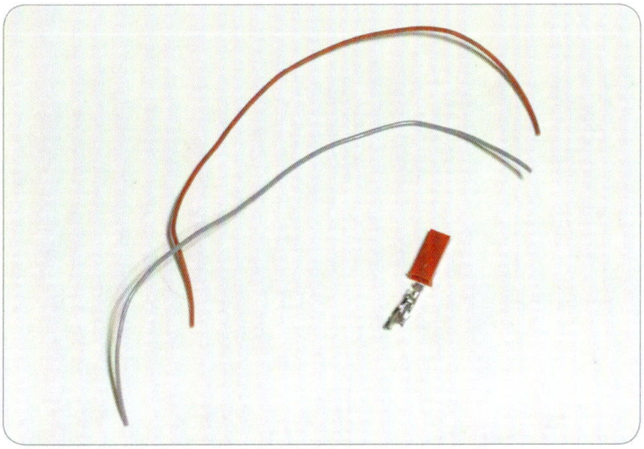

Löten eines Verlängerungskabels mit JST-Stecker.

16 Das gelötete Kabel muss noch mit dem Akku verbunden werden. Das machen wir gleich zusammen mit weiteren Bauteilen. Widmen wir uns zunächst dem Scheinwerfer. Er benötigt eine Spannung von maximal 4,2 V. Weiter oben haben wir schon berechnet, welchen Vorwiderstand wir benötigen, um den Scheinwerfer hinter ein UBEC zu hängen, das 5 V Ausgangsspannung liefert.

Den Vorwiderstand müssen Sie in das rote Kabel löten. Zuerst trillern Sie den Spannungsanschluss des Scheinwerfers (heraussstehender Servostecker) auf und schneiden das rote Kabel etwa in der Mitte einmal durch. Dann isolieren Sie es an beiden Enden ein wenig ab und verbinden es mit den Anschlüssen des Widerstands. Jetzt löten Sie das Kabel auf beiden Seiten an und isolieren alles wieder mit Schrumpfschlauch.

LÖTSTELLEN RICHTIG ISOLIEREN

Beim Zusammenlöten von Kabelenden ist immer darauf zu achten, dass die Lötstellen später wieder richtig isoliert werden, um einen Kurzschluss und den damit verbundenen Defekt eines Bauteils zu verhindern. Vor dem Zusammenlöten zweier Kabel müssen Sie auch daran denken, den Schrumpfschlauch so weit es geht über das Kabel zu schieben.

Einlöten des Vorwiderstands in die rote Spannungsleitung.

17 Vor dem Widerstand muss nun noch das UBEC eingelötet werden. Das können Sie zusammen mit dem Einlöten der Spannungsversorgung des FPV-Senders und der Back-Cam erledigen. Das rote Kabel der Back-Cam ist allerdings noch etwas zu kurz, um direkt an den Spannungssensor gelötet zu werden. Schneiden Sie daher ein Verlängerungskabel zurecht, das lang genug ist, und löten Sie es an das noch offene rote Kabel der Cam.

Verlängern des roten Spannungskabels der Back-Cam zum Spannungssensor.

18 Jetzt sind alle Kabel lang genug, und Sie können das UBEC, das rote Kabel der Back-Cam sowie die Anschlusskabel des FPV-Senders an den Spannungssensor löten. Entfernen Sie zuerst den Spannungssensor vom Rover und trillern Sie alle roten Kabel sowie alle schwarzen Kabel zusammen, um sie besser anlöten zu können. Bevor Sie die Kabel anlöten, schieben Sie schon mal ein Stück Schrumpfschlauch über jeden der beiden Kabelbäume. Dann löten Sie die Kabelstränge jeweils an Plus (Rot) und Minus (Schwarz). Ganz wichtig ist dabei, dass Sie die Kabel hinter den Stromsensor löten.

Anlöten der Stromversorgungskabel hinter den APM-Stromsensor.

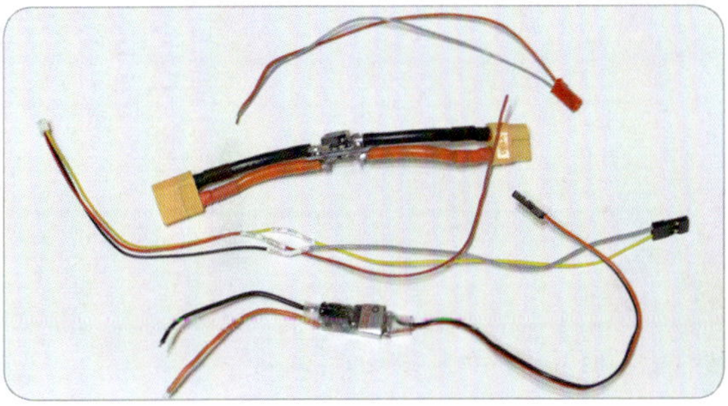

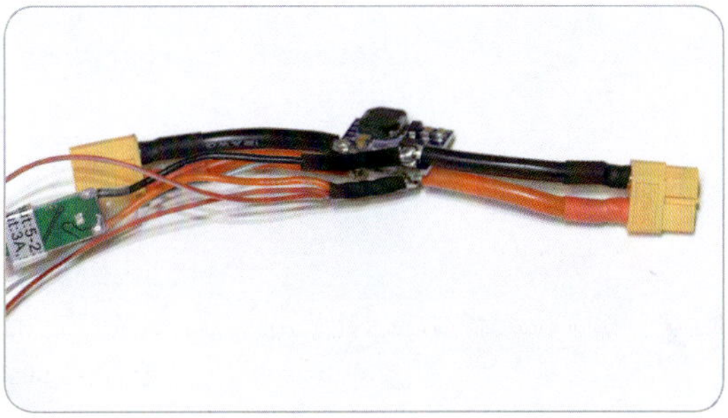

19 Den Stromsensor können Sie nun wieder am Rover anbringen, das Kabel der Back-Cam anschließen und den FPV-Sender mit seinem Kabel verbinden. Auch den Scheinwerfer können Sie jetzt mit der Spannungsversorgung verbinden. Das dreipolige Kabel, in das Sie den Vorwiderstand gelötet haben, verbinden Sie direkt mit dem UBEC.

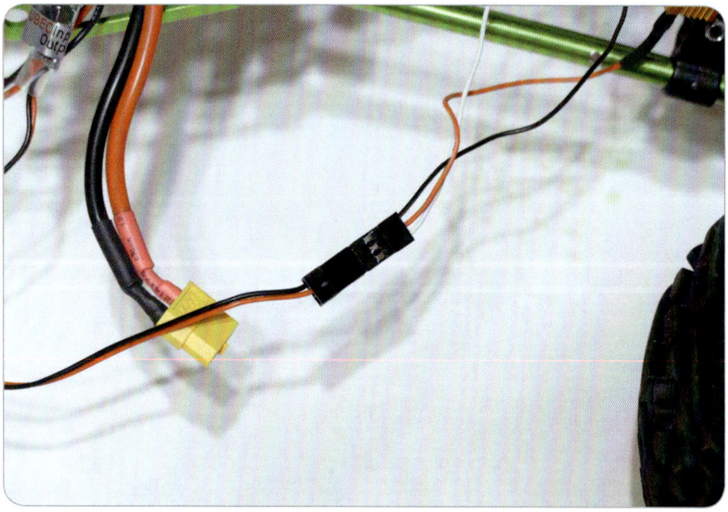

Anschließen des Scheinwerfers am UBEC.

ANSCHLUSS DER GESAMTEN FPV-ANLAGE

Jetzt haben Sie alle Komponenten mit einer Spannungsquelle verbunden und können sich dem Anschluss der gesamten FPV-Anlage am Empfänger widmen. Alle beweglichen Teile sowie den Drei-Kanal-Switch müssen Sie mit dem Empfänger verbinden, sodass Sie sie mit einem Stick und einem Schalter ansteuern können. Folgende Bewegungen sollen damit möglich sein:

BAUTEIL	1. FUNKTION	2. FUNKTION
Action-Gimbal	links/rechts	hoch/runter
Scheinwerfer	links/rechts	an/aus
Drei-Kanal-FPV-Switch	Umschalten zwischen drei Kamerakanälen	

Funktionsumfang der FPV- und Scheinwerferanlage

Drei-Kanal-Switch als Kamerabildumschalter

1 Zunächst befassen wir uns mit dem Drei-Kanal-Switch zum Umschalten der drei Kamerabilder per Fernsteuerung. Hierfür benötigen Sie ein sogenanntes Male-to-Male-Servokabel, also eines mit zwei Steckern. Stecken Sie es an den Empfängereingang am Switch (*To Receiver*) und in den Empfängerkanal 7.

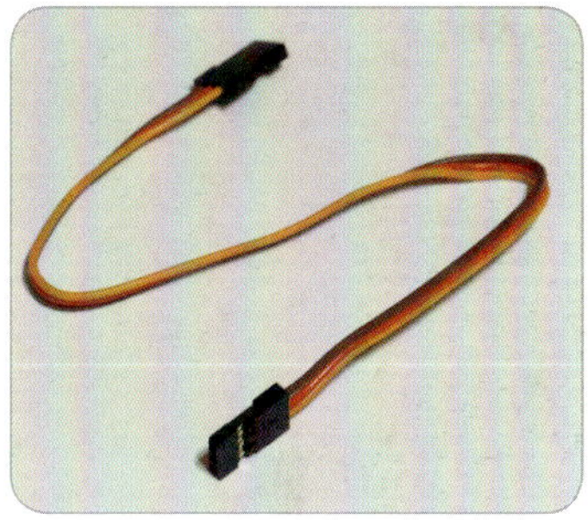

Anschließen des Drei-Kanal-Switchs an den Empfänger.

2 Sie haben aber den einzigen Drei-Kanal-Schalter an der Fernsteuerung damit belegt, zwischen drei verschiedenen Fahrmodi wechseln zu können, was natürlich auch sinnvoll ist. Die Problematik besteht allerdings darin, dass wir drei verschiedene Kamerasignale ohne einen weiteren Dreiwegeschalter an der Fernsteuerung durchschalten möchten. Aus diesem Grund bedienen wir uns eines kleinen Tricks an der Fernsteuerung.

Ein Potenziometer an der Fernsteuerung kann stufenlos verstellt werden. Das bedeutet, Sie können es statt eines Schalters dazu benutzen, den Kanal durchzuschalten, an dem Sie den Switch verbunden haben. In der Fernsteuerung gehen Sie zu *FUNC SETTINGS* und dort auf *AUX-CH*. Stellen Sie für Kanal 7 die Option *HOV PIT* ein. Das bedeutet, dass Kanal 7 am Empfänger nun durch den Poti links oben an der Fernsteuerung gesteuert wird.

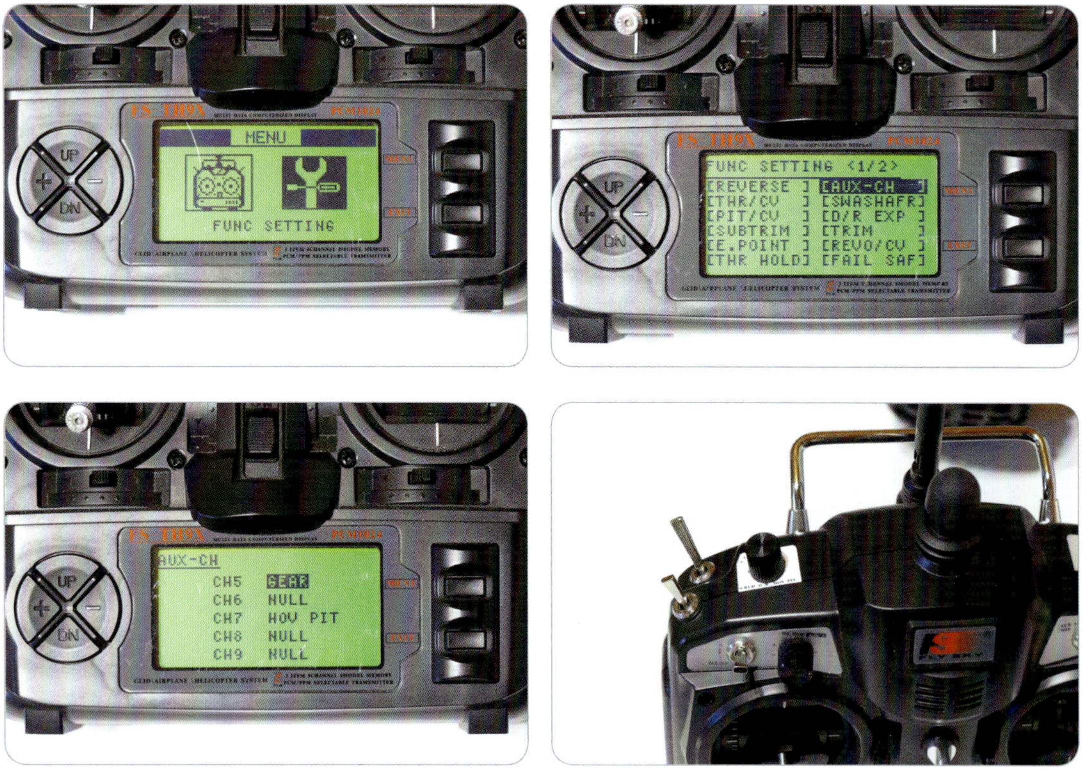

Einstellen des Potenziometers zum Wechseln des Kamerakanals.

Steuerung für Gimbal und Scheinwerfer

Als Nächstes befassen wir uns mit der Steuerung des Gimbals und des Scheinwerfers. Wir wollen sie so verbinden, dass das Gimbal mit dem linken Stick der Fernsteuerung gesteuert werden kann und der Scheinwerfer sich analog dazu bewegt, wobei wir bei diesem nur die Bewegung nach links und rechts benötigen. Um die Steuerung nach links und rechts des Gimbals und des Scheinwerfers zusammenzulegen, benötigen wir ein sogenanntes Y-Kabel, das das Signal des entsprechenden Empfängerkanals auf zwei Servobuchsen verteilt. Somit können mit einem Kanal der Fernsteuerung mehrere Bauteile gleichzeitig bewegt werden.

1. Schließen Sie ein Y-Kabel an Kanal 4 des Empfängers an. An die eine Buchse schließen Sie das obere Servo des Gimbals an. Schließen Sie nun den Scheinwerfer direkt an die andere Buchse an, würde sich der Scheinwerfer gegenläufig zum Gimbal bewegen. Das hat mit der Steuerrichtung des am Scheinwerfer verbauten Servos zu tun.

2. Um die Richtung des Servos auf einfache Art und Weise zu ändern, benötigen Sie einen Signalumkehrer. Diesen schließen Sie an die Buchse an.

Anschließen des Servo-Signalumkehrers.

3. Erst jetzt schließen Sie das Servokabel des Scheinwerfers an die Buchse beziehungsweise an den Signalumkehrer an.

4. Nun müssen Sie auch die Steuerung des Gimbals nach oben und unten sicherstellen. Da das Kabel des Gimbals lang genug ist, können Sie das seitliche Servo am Gimbal direkt an Kanal 3 des Empfängers anschließen. Jetzt können Sie das Gimbal auch nach oben und unten bewegen.

5. Was noch fehlt, ist die Steuerung für das Ein- und Ausschalten des Scheinwerfers selbst. Hierfür geht oben an der LED seitlich ein weiteres Servokabel heraus. Dieses schließen Sie an den letzten noch verbleibenden Empfängerausgang 8 an.

6. Den Scheinwerfer möchten Sie mit einem Schalter ein- und ausschalten können. Hierfür stellen Sie im *AUX*-Menü der Fernsteuerung an Kanal 8 wieder einen Schalter ein. Nutzen Sie den Schalter oben links hinten, wofür Sie im Menü *AUX-CH* den Kanal 8 auf *THRO HOLD* eingestellt haben. Jetzt können Sie den Scheinwerfer mit diesem Schalter ein- und ausschalten.

7. Der Scheinwerfer hat zwei Leuchtmodi: Licht an und Licht blinkt. Wenn Sie den Schalter an der Fernsteuerung betätigen, wird das Licht dauerhaft eingeschaltet. Setzen Sie den Schalter wieder zurück, geht das Licht aus. Beim zweiten Betätigen des Schalters folgt der Blink-Modus. Der Schalter muss also immer zweimal gedrückt werden, wenn das Licht auf Dauermodus geschaltet werden soll.

LED-SCHEINWERFER

Die LED des Scheinwerfers ist extrem hell. Sehen Sie auf keinen Fall bei eingeschaltetem Licht in den Scheinwerfer.

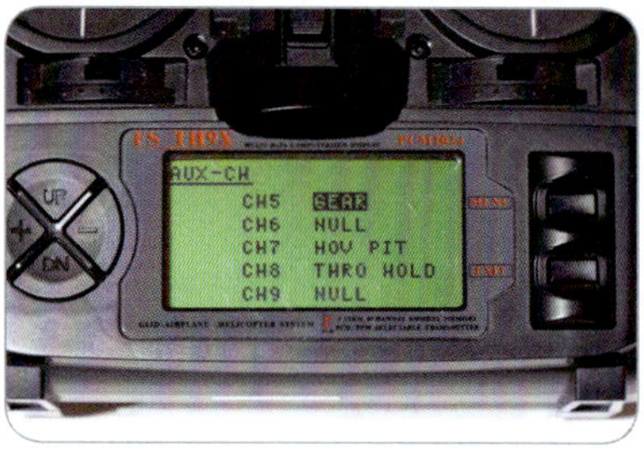

Einstellen des Ein-/Ausschalters des Scheinwerfers.

Finaler Check aller Anschlüsse

Gehen Sie noch einmal alles durch, um nachzuprüfen, ob Sie alles richtig am Empfänger angeschlossen haben. Die folgende Tabelle zeigt die Anschlüsse und angesteuerten Bauteile.

ANSCHLUSS EMPFÄNGER	ANGESCHLOSSENES BAUTEIL
1	Flightcontroller INPUT 1
2	Flightcontroller INPUT 3
3	Gimbal hoch/runter
4	Gimbal und Scheinwerfer links/rechts
5	Flightcontroller INPUT 7
6	Flightcontroller INPUT 8
7	Drei-Kanal-Video-Switch
8	Scheinwerfer ein/aus

Anschlussschema für den Empfänger

Bevor wir alle Kabel befestigen, überprüfen wir noch einmal, ob alles korrekt funktioniert. Schalten Sie den FPV-Monitor und die Fernsteuerung ein und verbinden Sie den Fahrakku mit dem Rover. Je nach FPV-Monitor, -Empfänger oder -Brille muss noch der Sendekanal eingestellt werden. In unserem Fall drücken Sie am Monitor den rechten seitlichen Knopf zum automatischen Suchen des Kanals, bis dieser zu sehen ist. Die Action-Cam kann eingeschaltet und auf den TV-Modus umgeschaltet werden. Keine Panik, wenn Sie das Action-Cam-Bild auf dem Kopf sehen: Die Cam ist ja kopfüber im Gimbal eingebaut. Das können Sie gleich noch ändern.

Jetzt testen Sie alle Funktionen:

- Linker Stick hoch/runter = Gimbal bewegt sich nach unten und oben
- Linker Stick rechts/links = Gimbal und Scheinwerfer bewegen sich analog nach rechts und links
- Potenziometer links oben an der Fernsteuerung drehen = Durchschalten der drei Kamerabilder
- Schalter links hinten an der Fernsteuerung = Scheinwerfer ein/aus

Fertig gebaute Roverdrohne mit angeschlossener FPV-Anlage und Scheinwerfer.

FREIGÄNGIGE KABEL

Beim Befestigen der Kabel muss zum einen sichergestellt werden, dass sie gut fixiert sind, zum anderen müssen Sie darauf achten, dass die Kabel des Gimbals und die des Scheinwerfers beim Bewegen der Teile freigängig sind. Überprüfen Sie am besten Kabellänge und Freigängigkeit beim gleichzeitigen Bewegen der Teile und fixieren Sie die Kabel so, dass sie nicht über den Rover hinausragen und dennoch genug Spiel zum Bewegen bieten.

Stimmen alle Funktionen, können Sie sämtliche Kabel befestigen. Mit doppelseitigem Klebeband bringen Sie den Drei-Kanal-Switch auf der Kunststoffplatte an. Die Kabel befestigen Sie mit Kabelbinder oder kleben sie mit Heißkleber an.

Die Action-Cam justieren

Um die Action-Cam richtig nutzen zu können, müssen Sie noch eine Kleinigkeit einstellen. Da das Gimbal, in das Sie die Cam eingebettet haben, eigentlich für einen Multicopter vorgesehen ist, steht die Kamera darin auf dem Kopf. Wenn Sie das Kamerabild auf dem Monitor sehen, steht es ebenfalls auf dem Kopf. Um das zu korrigieren, müssen Sie an der SJ4000 eine Einstellung ändern.

1. Im Menü finden Sie den Punkt *Drehen Sie sich.* Dort stellen Sie die Einstellung um. Nun sehen Sie zwar das Bild an der Kamera selbst verkehrt herum, aber richtig herum auf dem FPV-Monitor.

2. Möchten Sie das Kamerabild gleichzeitig über den FPV-Sender übertragen und selbst an der Kamera aufnehmen, müssen wie folgt vorgehen:

   - Sie schalten die Kamera ein.
   - Sie gehen in das Menü und stellen TV-Out auf *Ein.*
   - Sie drücken einmal den Auslöseknopf an der Kamera.
   - Die LED an der Cam blinkt, und das Kamerabild wird gleichzeitig am AV-Out ausgegeben und aufgenommen.

An dieser Stelle sind wir fertig mit dem FPV-Tuning und können mit unserer Roverdrohne neue Wege und Gebiete erkunden.

MIT ÜBERROLLBÜGEL

Die oberen Bauteile sind sehr empfindlich für Stöße. Wer auf Nummer sicher gehen möchte, kann einen kleinen Überrollbügel über den Scheinwerfer und das Gimbal bauen.

ÜBERTRAGUNGSREICHWEITE DER FPV-ANLAGE

Die Übertragungsreichweite der FPV-Anlage ist vor allem abhängig von den verwendeten Antennen. Die Standard-Stabantennen sind sehr solide und bieten eine gute Bildqualität, allerdings immer stark abhängig vom Empfangswinkel. Clover-Leaf-Antennen eignen sich für den Rover ebenfalls, sie bieten zwar eventuell keine größere Reichweite, aber einen besseren Empfang. Welche Antennenart für Sie am besten geeignet ist, finden Sie heraus, indem Sie verschiedene testen. Es ist abhängig davon, ob Sie eher weiter weg oder in einem größeren Winkel zum Rover stehen.

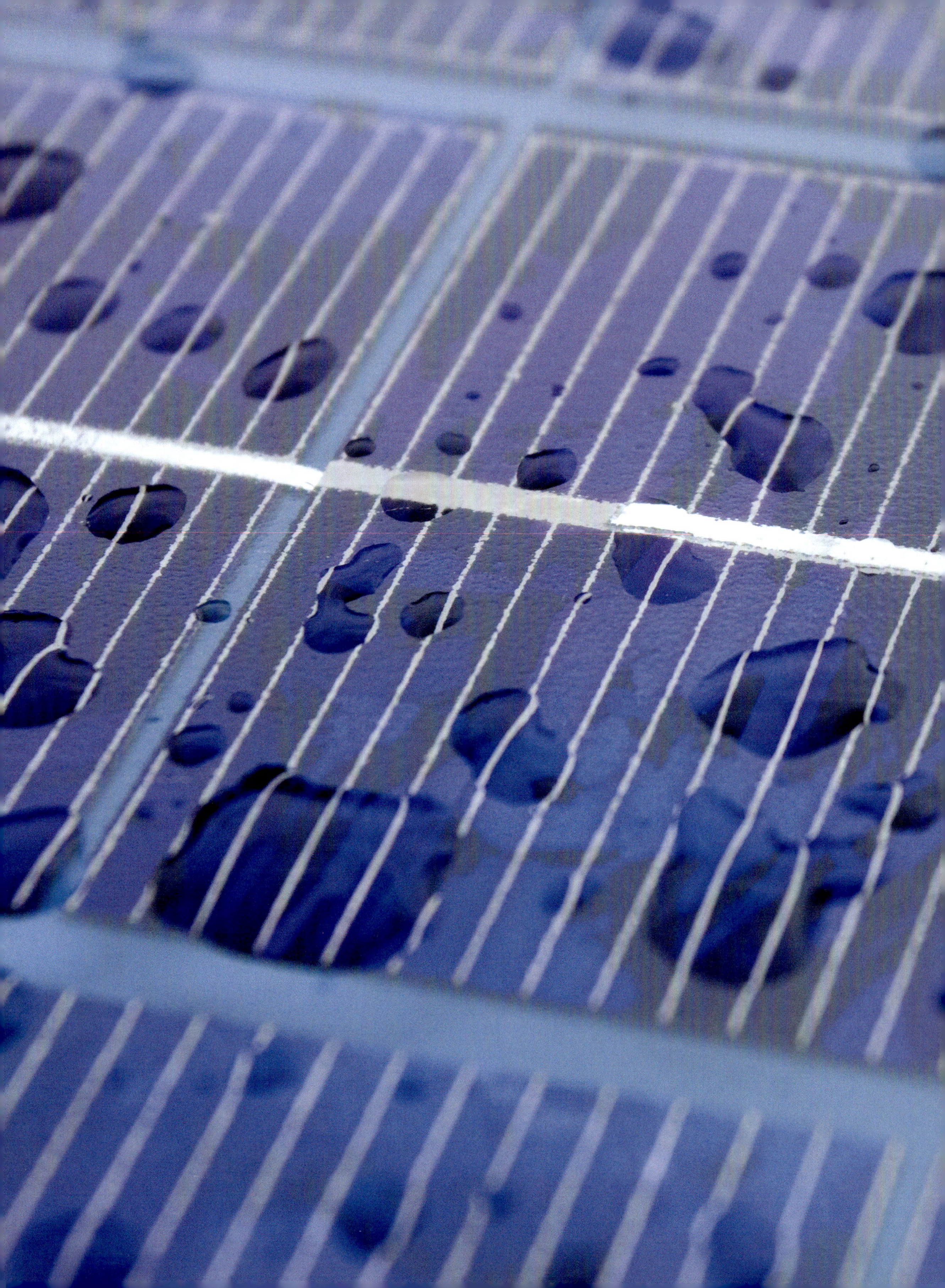

5

STUFE 3: SOLAR-TUNING

Wir bauen mit Solarenergie.

Ein toller, wolkenloser Tag im Sommer, unser Rover steht bereit für den heutigen Ausflug, und wir bemerken, dass der Akku nicht mehr viel Saft hat. Aber jetzt den LiPo ans Ladegerät hängen und darauf warten, dass das fröhliche Piepen des Geräts nach erst einer Stunde den Ladestatus »fertig geladen« verkündet? Nein, wir möchten uns eigentlich direkt ins Geschehen stürzen, unseren Rover einschalten und losdüsen. Aber wie können wir dafür sorgen, dass unser Akku fast immer geladen ist und der Rover auch noch länger fährt?

STECKDOSE? - NEIN, DANKE

Die Lösung des Problems besteht in erneuerbarer Energie, genauer gesagt: der Solarenergie. Eine Solaranlage liefert bei optimaler Sonneneinstrahlung eine Menge Energie, die wir nutzen können, um zum einen den Akku in unserem Rover wieder aufzuladen, zum anderen kann die Solarenergie auch direkt beim Fahren genutzt werden, sodass der Akku nicht so schnell in die Knie geht.

Aber wie können wir solch eine Solaranlage installieren? Und vor allem: Wie berechnet man eine Solaranlage, denn bei Spannung und Stromfluss muss man höllisch aufpassen, dass man seinen Akku nicht überfordert oder ihn sogar zur Explosion bringt. Es gilt also einiges zu beachten. Um eine Solaranlage auszulegen, sie also elektrotechnisch zu berechnen, benötigen wir ein paar Rahmenbedingungen, mit denen wir die Berechnungen anstellen können.

BERECHNUNG DER SOLARANLAGE

Zunächst nehmen wir unseren Akku genauer unter die Lupe, denn um ihn geht es schließlich, wenn wir ihn mit einer Solaranlage aufladen möchten. Wie Sie bereits wissen, weisen Lithium-Polymer-Zellen jeweils eine mittlere Spannung von 3,7 V auf. Die Ladeendspannung beträgt allerdings 4,2 V. Das bedeutet, dass die benötigte Ausgangsspannung zum Laden einer Zelle während des Ladevorgangs sehr schnell auf genau diese 4,2 V steigt. Wenn wir also einen Zwei-Zellen-LiPo wieder aufladen möchten, wird eine Spannung von 8,4 V benötigt.

Was Sie bereits über unser kleines Energiewunder, den LiPo-Akku, wissen, ist, dass er im Regelfall mit 1 C, also mit genau der gleichen Ampere-Zahl geladen werden sollte, die er selbst besitzt. Das ist allerdings kein Muss. Kleinere C-Raten beim Laden eines LiPo-Akkus sind sogar »gesünder« für ihn und machen sich in einer längeren Nutzungsdauer bemerkbar. Heute gibt es schon LiPo-Akkus, die laut Hersteller mit 2, 3 oder sogar 5 C geladen werden können. Wir wissen also, dass die Ampere, mit denen wir unseren Akku laden, die C-Rate ist und auch das Laden beeinflusst. 1 C bedeutet, dass der Akku in annähernd einer Stunde geladen ist.

LADESTROM	LADEDAUER
1 C	*1 Stunde*
2 C	*½ Stunde*
4 C	*¼ Stunde*

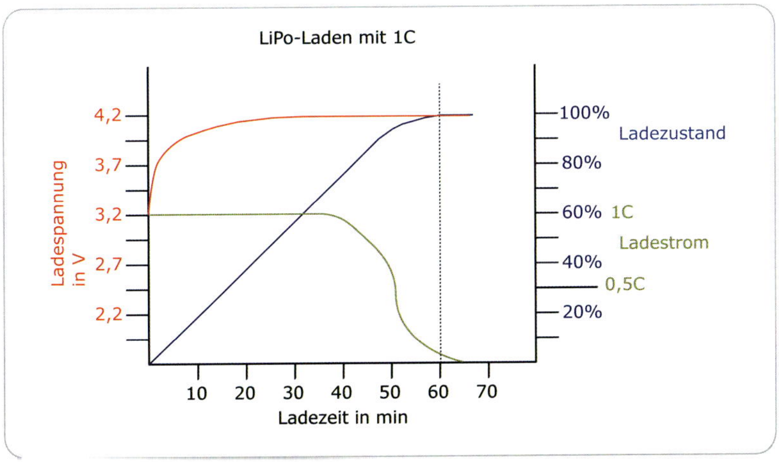

Ladezyklus eines LiPo-Akkus mit einer Zelle.

DROPDOWN

Manche Spannungsregler weisen einen sogenannten Dropdown auf. Das bedeutet, dass die Eingangsspannung um einen gewissen Faktor größer als die eingestellte Ausgangsspannung sein muss. Sollte das der Fall sein, rechnen Sie in der Planung mit 1-2 Solarzellen mehr.

Es kommt allerdings sehr darauf an, wie viel Platz wir für eine Solaranlage auf unserem Rover haben, denn es nützt leider nichts, wenn eine Anlage auf dem Rover ist, die enorm groß und schwer ist, nur um den Akku mit 1 C laden zu können. Die C-Rate zum Laden des LiPo halten wir vorerst noch offen, sie sollte aber 1 C nicht übersteigen, was bei unserem Akku eine Ampere-Zahl von 4,2 A wäre.

Beginnen wir nun damit, geeignete Solarzellen zu suchen, die wir zu einer sogenannten Inselanlage zusammenschließen werden.

Einzelne Zellen, die man zu größeren Anlagen zusammenschließen kann, haben meist eine Nennspannung von 0,5 V. Das bedeutet, dass wir, wenn wir unseren LiPo mit 8,4 V laden müssen, mindestens 17 Einzelzellen benötigen. Wir rechnen mit 18 Zellen weiter, da etwas Überschuss kein Problem darstellt, wie Sie gleich sehen werden. Kennen Sie die Anzahl der Zellen, müssen Sie überlegen, wie groß sie sein sollen.

Die Größe der Zelle bestimmt im Regelfall die weitere Leistung, was bei gleichbleibender Spannung bedeutet, dass der erzeugte Strom in Ampere größer wird, je größer die Zelle ist. Wir können über den Daumen gepeilt sagen, dass wir über dem Rover eine Fläche von 50 × 50 cm zur Verfügung haben, um eine Solaranlage zu installieren. Größer sollte die Fläche nicht werden, da der Rover sonst zu schwer oder zu groß dimensioniert wäre, um noch richtig fahren und »krabbeln« zu können.

Die maximale Ampere-Leistung bei 18 Zellen, die wir unterbringen können, beträgt 2.900 mA, abhängig von der Zelltechnologie und dem Hersteller. Im Detail ist die verwendete Zelle 15,6 × 5,2 cm groß.

Einzelne Solarzelle 15,6 × 5,2 mm - 0,5 V/2,7 A.

Da jede Solarzelle eine Nennspannung von 0,5 V aufweist, müssen Sie alle hintereinanderschalten (Reihenschaltung), was einen sogenannten String ergibt. Die Zellen liefern einen Nennstrom von 2,7 A und liegen damit etwas unter unserer 1-C-Rate von 4,2 A. Das bedeutet, dass die Solaranlage unseren Akku bei voller Sonneneinstrahlung mit 0,65 C laden und ein kompletter Ladezyklus nur über die Solaranlage circa 92 Minuten dauern wird.

BAUTEILE, OHNE DIE NICHTS GEHT

Die Dachkonstruktion, die mit den Solarzellen bestückt wird, muss circa 42 × 50 cm groß sein. Wir bringen zwei Reihen nebeneinander an, die mit einer Reihenschaltung verbunden werden. Allerdings zeigt sich ein kleines Problem, wenn Sie über dem Rover ein Solardach anbringen möchten. Das GPS-Modul der Roverdrohne sollte immer möglichst weit weg von Strom führenden Bauteilen und sehr weit oben montiert sein. In der jetzigen Konstellation sitzt dieser Sensor aber unter dem Dach. Aus diesem Grund lassen Sie etwas Platz zwischen den Solarzellen, sodass Sie das GPS-Modul in die Mitte der Platte montieren können.

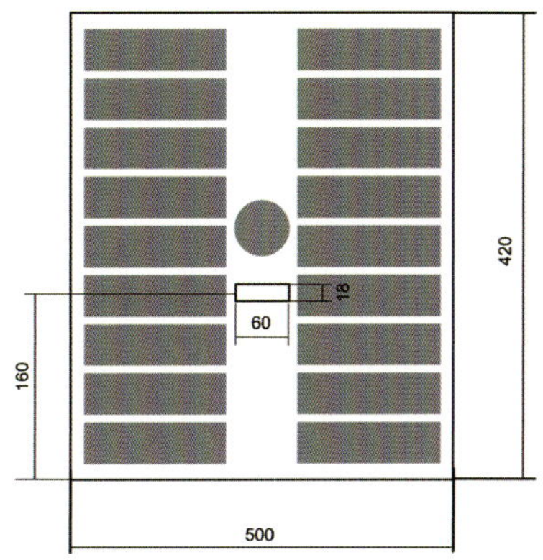

Verteilung der Solarzellen und des GPS-Moduls.

HAUPTPLATINE

Die Hauptplatte sollte 2-3 Millimeter dick sein, da sie sonst zu schwer für die Stoßdämpfer des Rovers wird. Besser ist es, eine dünne Platte mit Verstrebungen an der Unterseite auszustatten.

Sie wissen jetzt, welche Leistung die Solaranlage aufbringen kann, und können alle weiteren Bauteile für die Anlage berechnen oder bestimmen. Gehen wir in der Bauteilkette weiter und überlegen, welches Bauteil wir direkt hinter die Solaranlage schalten müssen.

Da die Anlage mit 2,7 A bei 9 V schon ein gewisses Risiko darstellt - schließlich steht die Anlage bei Sonnenschein immer unter Spannung -, setzen Sie erst einmal direkt dahinter einen Kill-Switch, mit dem Sie die Anlage sofort ausschalten können. Dieser Schalter muss allerdings auch den Anforderungen an das System gerecht werden. Er muss mindestens 3 A sowie 9 V standhalten. Alle Standardschalter im Kfz-Bau sind für 12 V und maximal 20 A ausgelegt, demnach können Sie sie als Kill-Switch für die Solaranlage verwenden.

Wenn Sie mit einer Solaranlage einen LiPo-Akku laden möchten, müssen Sie sich damit befassen, wie dieser Vorgang abläuft. Wie Sie bereits wissen, besteht der Akku aus zwei einzelnen Zellen. Beim Laden an einem Ladegerät überwacht dieses die einzelnen Spannungen jeder Zelle, balanciert sie aus und schaltet jede Zelle automatisch vom Netz, wenn sie voll ist. Was Sie also noch brauchen, ist ein mobiles Ladegerät für den Akku, das die einzelnen Zellen sowie den Ladevorgang und den Entladevorgang überwacht.

Wenn es um die Überwachung von Akkus im Allgemeinen geht, fallen oft Abkürzungen wie PCB, PCM oder BMS. Damit müssen Sie sich befassen, um den Akku richtig schützen zu können, wenn Sie ihn direkt am Rover laden möchten. Was aber bedeuten diese Abkürzungen, und wie arbeiten diese Bauteile? Im Grunde bedeuten die Bezeichnungen alle das Gleiche:

- BMS = *Battery Management System*
- PCB = *Protection Circuit Board*
- PCM = *Protection Circuit Module*

Die elektrotechnischen Bauteile haben alle die gleiche Aufgabe, nämlich den Schutz eines Akkupacks mit mehreren Zellen. BMS-Systeme werden eher bei größeren Akkupacks eingesetzt, während PCB- und PCM-Systeme bei kleineren Packs zum Einsatz kommen. Die Hauptaufgaben dieser Bauteile sind:

- Jede Zelle vor Überladung schützen.
- Jede Zelle vor Tiefentladung schützen.
- Den gesamten Akkupack vor Überbelastung schützen.

Was kann ein PCB(M) nicht? PCBs sollen vor allem die Zellen schützen. Bei einem Standard-PCB jedoch nicht integriert ist der nötige Balancer, der die Zellen stetig miteinander abgleicht und aneinander anpasst. Sie müssen am besten nach einem PCB suchen, der einen Balancer eingebaut hat.

Es muss jedoch erwähnt werden, dass solche Geräte, gerade für kleine Akkus wie Zwei-Zellen-LiPos, nicht in Hülle und Fülle und in den verschiedensten Varianten verfügbar sind. Man muss lange nach einem geeigneten PCB suchen, um einen mit den gewünschten Spezifikationen zu finden. Für unser Projekt können wir ein PCB von LiNANO® mit folgenden Spezifikationen verwenden:

- PCM 2S 10A LiIon mit Balancer -265 Li
- Zellenanzahl: 2
- Ladespannung: 4,2 V 40,025 V pro Zelle CC/CV
- Zellentyp: LiIon/LiPo/LiMn
- max. Dauerlaststrom: 10 A
- Überspannungsschutz: ja, 4,25 V/Zelle 40,025 V
- Überlastschutz: 25~50 A, 200-500 µs
- Balancerstrom: circa 72 43 mA
- Eigenverbrauch: 20 ×A/Zelle
- Maße (LBH): 120 × 37 × 4 mm
- Gewicht: 23 g
- Tiefentladeschutz: ja 2,70/Zelle 40,08 V

PCM-Bauteil zum Schutz des LiPo.

Wichtig ist vor allem, dass das PCM auch für LiPos geeignet ist (Tiefentladeschutz/Überladungsschutz für LiPos), einen maximalen Dauerlaststrom von 10 A zulässt und einen internen Balancer besitzt.

Das bedeutet, Sie haben ein Bauteil, an das Sie die Ladespannung der Solaranlage sowie den Ausgang zu den Verbrauchern am gleichen Port anschließen können. Der Vorteil dabei ist ganz klar: Während der Rover fährt, wird die Energie der Solaranlage mit genutzt und der Akku nicht voll belastet. Außerdem wird der Akku direkt geladen, wenn der Rover stehen bleibt.

Manche mögen jetzt denken: »Damit verbrate ich doch einen Lebenszyklus nach dem anderen, und der Akku hält nicht mal einen Monat.« Bei LiPo-Akkus ist das mit den Lade- und Entladezyklen so eine Sache.

ZYKLUS UND TEILZYKLEN

Die Lebensdauer von Lithium-Polymer-Akkus wird vom Hersteller in sogenannten Zyklen angegeben. Ein ganzer Zyklus besteht im kompletten Entladen und dem anschließenden kompletten Wiederaufladen des Akkus. Ein Zyklus kann auch in Teilzyklen aufgeteilt sein, was bedeutet, dass das Entladen oder Laden nicht zwangsläufig an einem Stück geschehen muss. Manche Ladegeräte trennen beim Laden sogar alle 60 Sekunden den Akku kurz von der Stromquelle und laden nach ein paar Sekunden weiter.

Generell ist es bei LiPos so, dass die Lebensdauer von zwei Faktoren abhängt. Zum einen davon, wie man ihn behandelt: Pumpt man ihn immer bis Oberkante Unterlippe voll und entlädt ihn immer komplett, bis kein Tropfen mehr herauskommt? Und zum anderen: Wie oft entlädt und lädt man seinen Akku, wie viele Zyklen verbraucht man sozusagen? Die Hersteller geben oft an, wie viele Zyklen Lebensdauer der Akku haben sollte.

Im Allgemeinen geht man davon aus, dass ein Zyklus verbraucht ist, wenn man den Akku einmal - egal wie lange, auch nur kurz - auflädt oder kurz entlädt, also auch wenn man den Akku nur kurz am Ladegerät hat und ihn nach ein paar Minuten, warum auch immer, wieder abklemmt.

Zum Glück ist das bei LiPo-Akkus nicht der Fall. Ein kompletter Zyklus bedeutet, dass der Akku einmal komplett aufgeladen und einmal komplett wieder entladen wird. In der Praxis sieht es aber oft etwas anders aus. Da wird der Akku mit 70 % wieder vollgeladen oder bei 50 % noch mal ins Modell geklemmt und ein paar Runden gefahren oder geflogen. Geht der Akku aber schneller kaputt, wenn man ihn nicht immer komplett entlädt und erst dann wieder komplett auflädt?

Nein, ein ganz entscheidendes Detail bei den Zyklen eines LiPo ist die Tatsache, dass es sogenannte Teilzyklen gibt. Das bedeutet, dass es egal ist, ob der Akku beim Laden immer wieder kurz unterbrochen wird.

Wenn Sie Ihren Akku über die Solaranlage laden möchten, geschieht das immer dann, wenn die Roverdrohne nicht fährt, ansonsten wird die Energie mit zu den Motoren geleitet. Aber da wir nun wissen, dass Teilzyklen kein Problem für einen LiPo sind, können wir die Solaranlage wie geplant zum Laden des Akkus einsetzen - allerdings nur mit dem entsprechenden PCB.

Spannungsregler und Strombegrenzer.

Als letztes Bauteil für die Solaranlage benötigen Sie einen sogenannten Spannungsregler, an dem Sie die ausgehende Spannung und den maximalen Strom einstellen können. Warum ist dieses Bauteil so wichtig?

Ein LiPo-Akku wird immer mit (fast) gleichbleibender Spannung geladen. Allerdings kann die Energieproduktion einer Solaranlage stark schwanken, je nachdem, ob eine oder mehrere Zellen verschattet werden oder die Sonne ungehindert einstrahlt. Um diese Schwankungen auszugleichen, wird ein Spannungsregler benötigt, der die eingehende Spannung und den Strom zu einem gleichbleibenden Fluss, also einer gleichbleibenden Spannung, begradigt.

Nun haben wir alle Bauteile beisammen und fassen sie in folgender Tabelle noch einmal zusammen.

NR.		BEZEICHNUNG	EINZEL-PREIS	ST.	GESAMT-PREIS
1		Solarzellen 0,5 V, Lemo-Solar, 2,7 A/156 × 52 mm	4,50 Euro	18	81 Euro
2		Kill-Switch	5 Euro	1	5 Euro
3		Spannungsregler	20 Euro	1	20 Euro
4	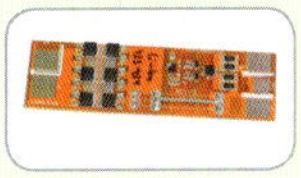	PCM (LiPo-Überwachung)	25 Euro	1	25 Euro
5	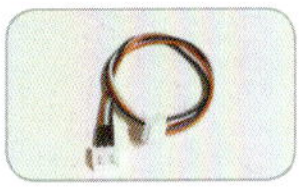	Balancerkabelverlängerung	5 Euro	1	5 Euro
6		Lötverbinder 12 m	5 Euro	1	5 Euro
7	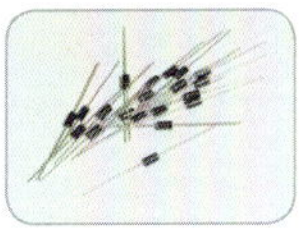	Bypassdioden PanJit SB340LS DO-15 40 V	0,24 Euro	20	4,80 Euro
8		Solarlötzinn	3 Euro	1	3 Euro
9		Isolierender Klarlack	10 Euro	1	10 Euro
10		XT60-Buchse und -Stecker	4 Euro	1	4 Euro
		Holz- und Kunststoffplatte	15 Euro	1	15 Euro
			Summe		**177,80 Euro**

ZERBRECHLICHE SOLARZELLEN

Solarzellen aneinanderzulöten ist nicht ganz einfach. Die Zellen sind hauchdünn und zerbrechlich wie Glas. Bestellen Sie am besten gleich zwei bis drei Zellen mehr, sodass der Bruch einer Zelle kein Problem ist.

Wer Zugang zu einem 3-D-Drucker hat, kann die Konstruktion der Seitenteile ausdrucken. Die Holzkonstruktion kann auch mit einer Fräße aus dem Holz herausgefräst werden. Das erleichtert die Arbeit ungemein.

Zur Montage der Solaranlage benötigen Sie noch ein kleines Schraubenkit, um alles korrekt zu verschrauben. Die seitliche Montageplatte werden Sie mit M8-Schrauben am Rover befestigen, und zwar so, dass die Konstruktion mit Flügelmuttern schnell abgenommen oder angebracht werden kann. Dazu benötigen Sie folgende Kleinteile:

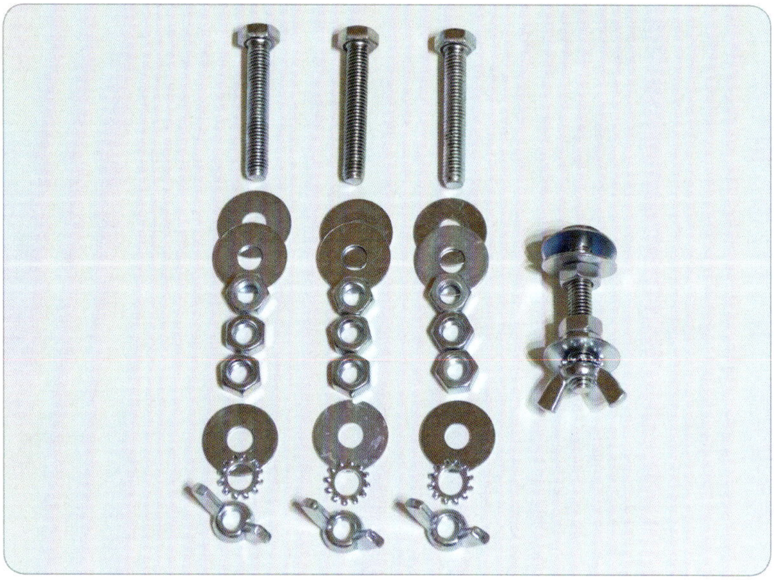

Schrauben, Muttern und Unterlegscheiben zur Montage der Solaranlage.

Im Detail brauchen Sie also:

- 4 Schrauben M8x50
- 12 große Unterlegscheiben für M8
- 12 M8-Muttern
- 4 M8-Unterlegscheiben gezahnt
- 4 Flügelmuttern M8

Außerdem benötigen Sie M3x18- und M3x16-Senkkopfschrauben für den Holzeinsatz, und für die Montage der Solarzellen brauchen Sie doppelseitiges Schaumstoffklebeband, am besten welches, das für den Outdooreinsatz gedacht ist. Zum Anbringen des GPS-Moduls auf der Konstruktion verwenden Sie selbstklebendes Klettband.

Um unseren Akku während der Fahrt zu entlasten oder ihn im Rover aufzuladen, müssen wir also ein Budget von rund 180 Euro einplanen.

BAUPHASE SCHRITT FÜR SCHRITT

Haben Sie alle Bauteile beisammen, können Sie mit dem Anbau der Solaranlage an die Roverdrohne beginnen.

Vorarbeiten für den Anbau der Solaranlage

1. Zunächst demontieren Sie die seitlich am Rover festgeschraubten Kunststoffstangen, die ursprünglich für die Montage der Roververkleidung gedacht waren. Sie brauchen sie nicht mehr, obendrein stören sie beim Befestigen der Solaranlage.

Entfernen der Montagestange des Rovergehäuses.

2. Den kleinen Akkuwarner an der Seite können Sie erst einmal abnehmen. Sie benötigen ihn aber noch, denn wenn Sie den Rover beispielsweise bei bewölktem Himmel oder bei Nacht fahren möchten, nehmen Sie die Solaranlage ab und schließen den Balanceranschluss des Akkus wieder an den Akkuwarner (Checker) an.

3 Im nächsten Schritt bringen Sie die Schrauben an der Roverdrohne an. Schieben Sie zuerst eine Unterlegscheibe über die Schraube und stecken Sie sie vom Roverinneren durch die kleine Aussparung seitlich oberhalb des Akkuschachts.

Befestigen der Schrauben für den Solaranlagenaufsatz an der Roverdrohne.

4 Danach befestigen Sie die Schraube mit einer weiteren Scheibe und einer Mutter. Drehen Sie zwei Muttern auf die Schraube und kontern Sie diese so, dass ein Abstand von 18 cm zwischen dem Schraubenende und der ersten Mutter entsteht. Das machen wir analog bei allen vier Schrauben, sodass der Aufbau später auch gerade sitzt.

Seitenteile zuschneiden und montieren

Jetzt kümmern wir uns um die Seitenteile, die die Solaranlage tragen werden. Sie sollen so konstruiert sein, dass Sie die Anlage einfach auf die Schrauben schieben können. Die Zeichnung hierzu sieht wie folgt aus:

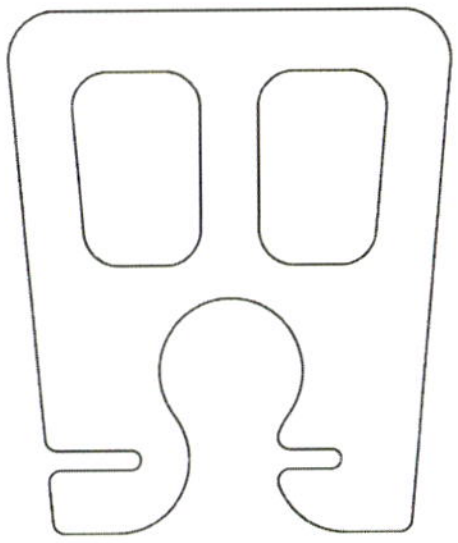

Skizze der Seitenteile aus Holz.

INFO

Im Downloadbereich dieses Buchs auf *www.buch.cd* finden Sie eine Zeichnung der Seitenteile zum Ausdrucken und Übertragen auf die Holzplatte.

1. Die Zeichnung muss ausgedruckt und auf das Holz übertragen werden. Alternativ finden Sie im Downloadbereich dieses Buchs auf *www.buch.cd* die entsprechende Datei, um das Bauteil zu drucken oder mithilfe einer Fräse zu fertigen. Das Seitenteil ist so konstruiert, dass es einfach von hinten nach vorne über die Stahlschrauben geschoben werden kann. Danach werden beide Teile mit einer Flügelmutter befestigt. Aber einen Schritt nach dem anderen.

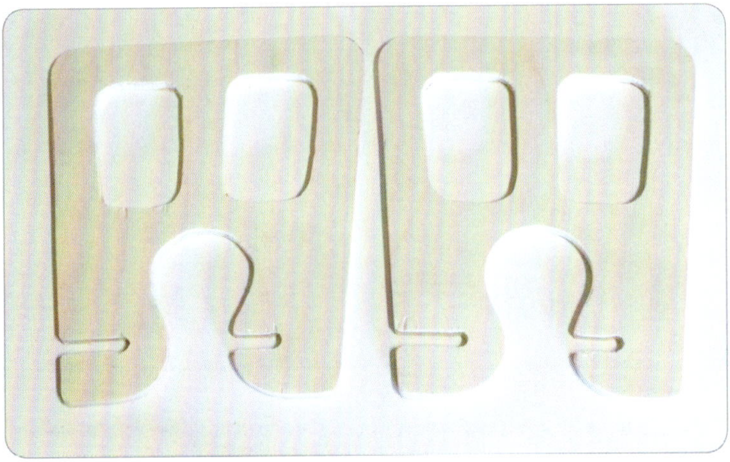

Seitenteile des Solaraufbaus.

2. Wenn Sie die Seitenteile ausgeschnitten haben, entgraten Sie die Kanten mit feinem Schmirgelpapier.

3 Schieben Sie über alle vier Schrauben eine große Unterlegscheibe und stecken Sie die Seitenteile so darüber, dass sie ganz hinten in der Bohrung sitzen. Dann stecken Sie die gezackten Scheiben dazu und ziehen die Flügelmuttern an, sodass die Scheiben im Holz sitzen.

ACHTUNG, VERLETZUNGSGEFAHR

Wenn Sie über eine CNC-Fräse verfügen, ist es am einfachsten, die Teile auszufräsen. Ist das nicht der Fall, können geübte Handwerker die Teile mithilfe einer Stichsäge ausschneiden. Sollten Sie in der Handhabung einer Stichsäge nicht erfahren sein (Verletzungsgefahr), können Sie auch eine Laubsäge verwenden. Das ist der sicherste, aber auch langwierigste Weg.

Verschrauben der Seitenteile.

4 Verbinden Sie die beiden Seitenteile miteinander, indem Sie zwei Streben an der Oberseite zwischen den Platten verschrauben. Messen Sie den Abstand zwischen beiden Seitenteile aus, erhalten Sie das Maß 154 mm. Dann scheiden Sie zwei Streben mit den Maßen 15 × 22 × 154 mm zu.

5. Nun benötigen Sie etwas Leim und zwei Schraubzwingen, die mindestens eine Strecke von 180 cm überbrücken können. Die Stirnseiten beider Streben versehen Sie mit etwas Leim und setzen sie an der linken und der rechten Seite so an, dass sie bündig mit der Oberkante der Seitenteile abschließen. Dann bringen Sie die Schraubzwingen so an den Seitenteilen an, dass sie etwas klemmen, jedoch nicht das Holz zerbrechen.

6. Bohren Sie mit einem 2er-Bohrer genau die Mitte der Streben durch das Seitenteil vor und verschrauben Sie es mit einer M3x18-Holzschraube.

Kunststoffplatte für den Anlagenaufbau

Das Grundgestell für die Solaranlage haben wir nun aufgebaut. Bevor wir mit der Elektronik beginnen können, fehlt noch die Kunststoffplatte, die auf die Konstruktion geschraubt werden muss.

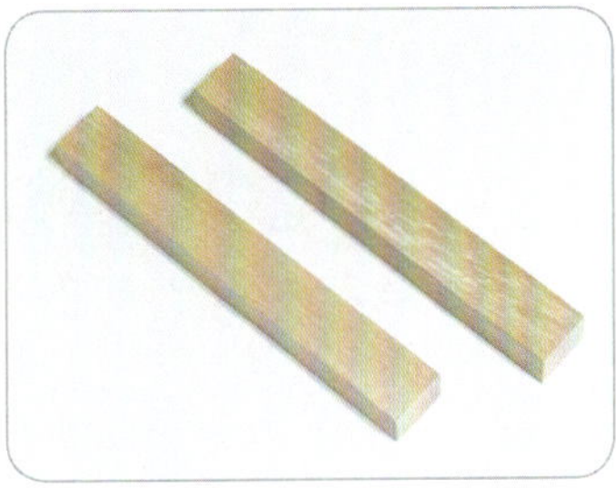

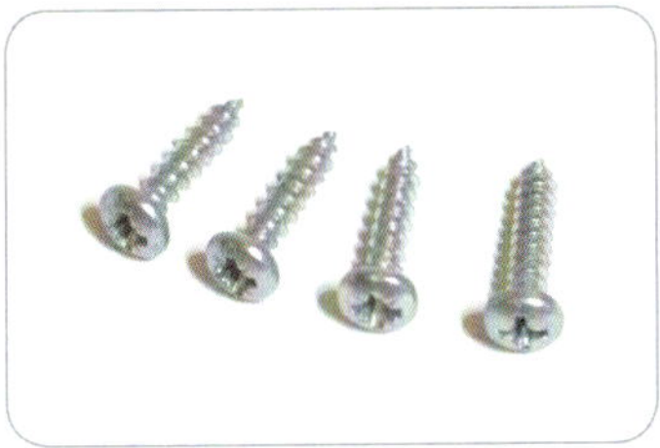

Zunächst müssen Sie in die Kunststoffplatte einen Schlitz schneiden, um später das GPS-/Kompassmodul dort durchführen und auf der Platte anbringen zu können. Bei diesem Modul besteht nämlich immer das Problem, dass es so hoch wie möglich am Fahrzeug angebracht werden sollte. Wenn wir also unsere Solaranlage auf den Rover montieren, müssen wir optimalerweise auch das GPS-Modul ganz oben anbringen. Deshalb schneiden wir einen Schlitz in die Kunststoffplatte, um das GPS durchführen zu können.

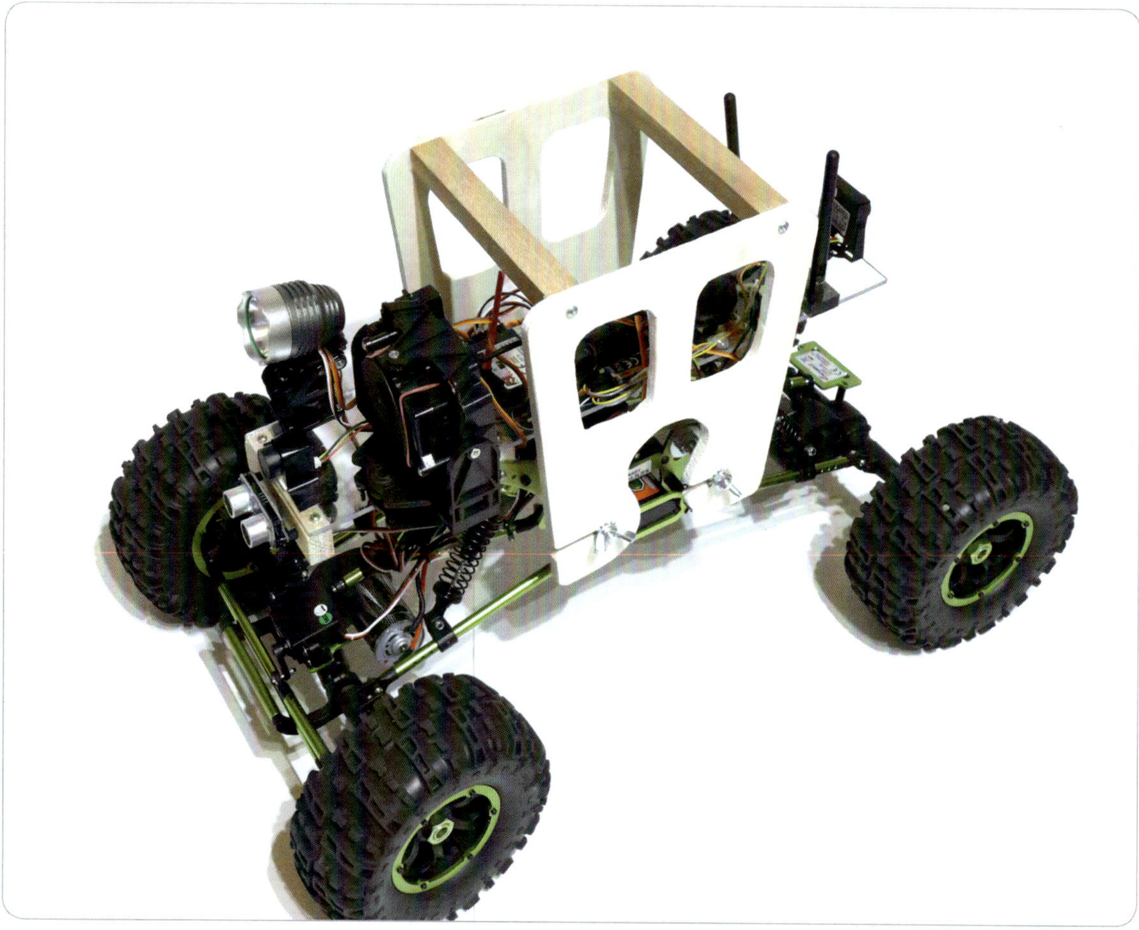

Verschrauben der Streben zwischen den Seitenteilen.

1. Da Sie die Solaranlage nicht starr am Rover verbauen, sondern immer nur dann anbringen möchten, wenn sonniges Wetter ist, werden Sie das Modul mit selbstklebendem Klettband befestigen, sodass Sie es zum einen an der bisherigen Stelle am Rover und zum anderen auf der Solarplatte ankletten können.

Anbringen von selbstklebendem Klettband am GPS-/Kompassmodul.

2. Markieren Sie die Stelle, an der Sie das Modul durch die Kunststoffplatte fädeln wollen. Sie benötigen einen 18 × 60 mm großen Durchgang. Die nachfolgende Grafik zeigt die Maße des Schlitzes.

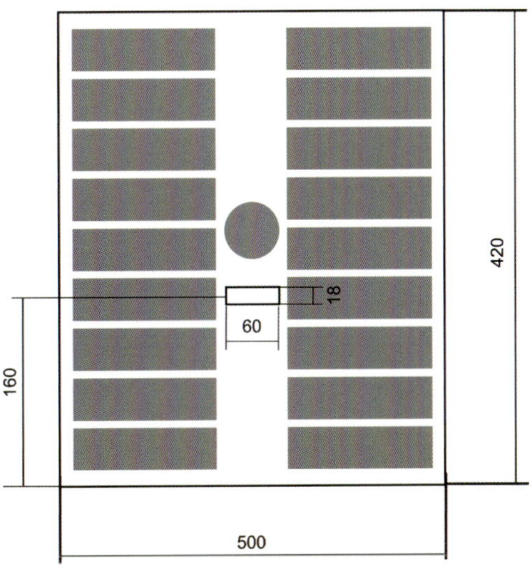

Skizze des GPS-Modul-Durchgangs.

Haben Sie den Schlitz markiert, bohren Sie Löcher in das Innere der Markierung und schneiden sie komplett mit einer Stichsäge aus.

3. Jetzt muss die Kunststoffplatte noch an der Holzkonstruktion befestigt werden. Richten Sie die Platte genau in der Mitte der Konstruktion aus und bohren Sie mit einem 2-mm-Bohrer 2 cm von der Außenkante der Holzkonstruktion entfernt an allen vier Streben durch die Platte bis ins Holz ein Loch vor. Heben Sie die Platte vom Gestell und bohren Sie die Löcher mit einem 3-mm-Bohrer nochmals durch.

4. Legen Sie die Platte auf eine feste Unterlage und senken Sie die Löcher mit einem Senkkopf ab, sodass die Schraubenköpfe in der Platte versenkt werden können. Danach schrauben Sie die Platte mit vier M3x6-Holzschrauben auf die Holzkonstruktion.

Befestigen der Kunststoffplatte auf der Holzkonstruktion.

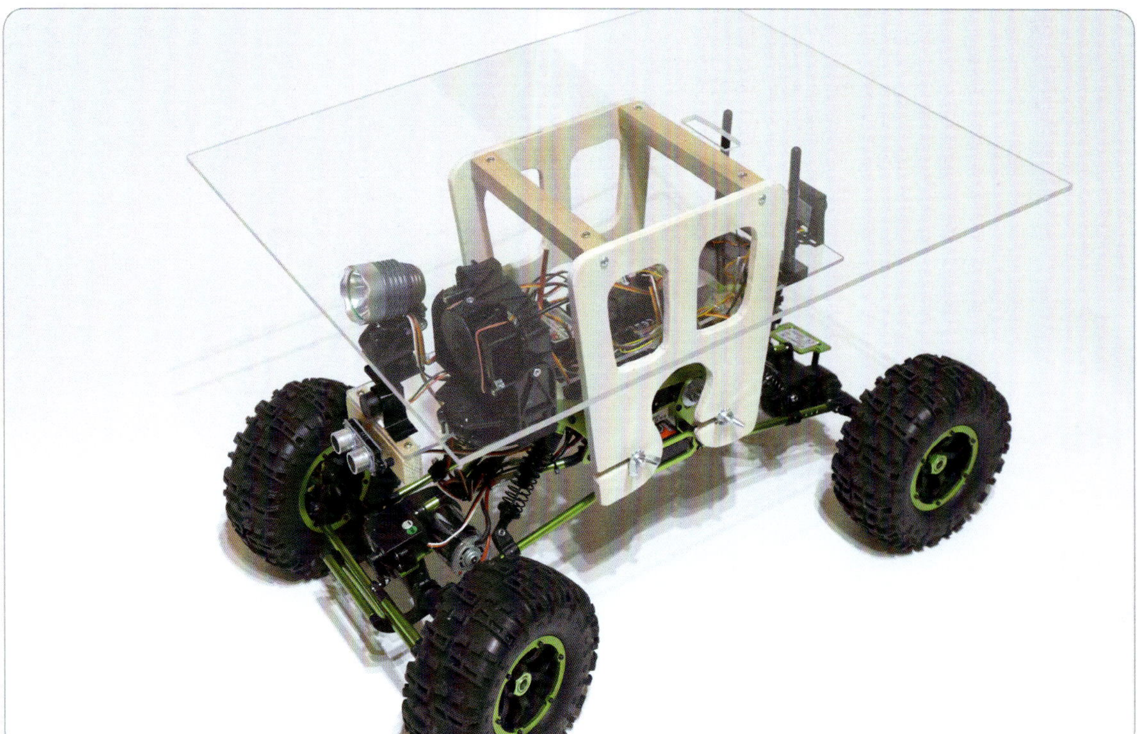

Elektrik für die Reihenschaltung klarmachen

Jetzt haben Sie die Solarkonstruktion fertig und können sich der Elektrik widmen. Beginnen Sie damit, die Solarzellen vorzulöten. Wie Sie schon ausgerechnet haben, benötigen Sie 18 Solarzellen, um eine Spannung von 8,4 V, der Ladespannung des Akkus, zu erzeugen. Jede einzelne Solarzelle besitzt eine Nennspannung von 0,5 V, was bedeutet, dass Sie die Solarzellen in Reihe schalten müssen.

Beispiel:

Vier Solarzellen mit 0,5 V und 2 A:

- In Reihe geschaltet, ergibt das 2 V und 2 A.
- Parallel geschaltet, ergibt das 0,5 V und 8 A.

Sie müssen also die erste Solarzelle von der Plus- zur Minusseite mit der nächsten Solarzelle verbinden und das fortführen, bis Sie alle 18 Zellen verbunden haben. Allerdings haben Sie zwei Reihen, die Sie auf der Kunststoffplatte montieren wollen. Das heißt, Sie verbinden je neun Zellen zu einem String und verbinden diese zwei Reihen mit einer Überbrückung. Am besten ist es, wenn Sie Plus- und Minuspol nach vorne herausführen, um dort die Anschlüsse für die weiteren Bauteile zu befestigen.

1. Zunächst setzen Sie zwei Solarzellen nebeneinander, und zwar so, dass lediglich etwa 3 mm Platz dazwischen ist.
2. Nehmen Sie sich das spezielle Solarlötzinn und das flache Solarverbinderband und schätzen Sie die Länge von der Oberseite der ersten Zelle bis zur Unterseite der zweiten Zelle. Der sogenannte Lötverbinder muss nämlich von der kompletten Oberseite bis zur kompletten Unterseite der zweiten Zelle reichen. Der Lötstreifen muss auf die vorgesehenen Lötpads aufgebracht werden.

GESAMTSPANNUNG

In der Elektrotechnik kommen sowohl Reihenschaltungen als auch Parallelschaltungen zum Einsatz. Bei der Reihenschaltung von Akkus und Solarzellen addieren sich die Einzelspannungen zu einer Gesamtspannung, der Strom bleibt unverändert.

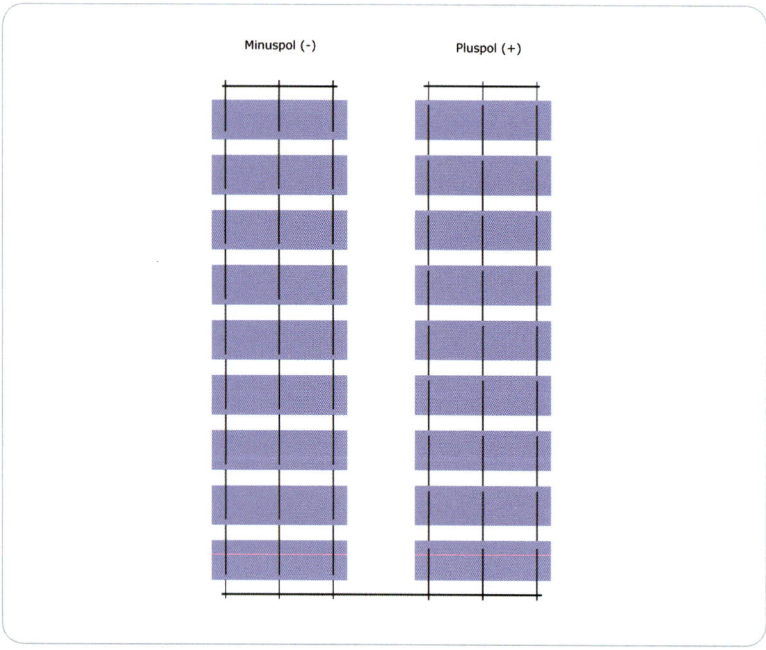

Verbindungsschema der Solarzellen.

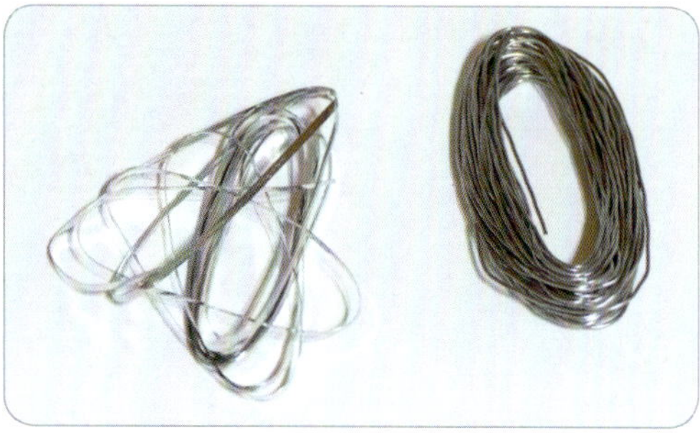

Lötverbinder und Lötzinn zum Verbinden der Solarzellen.

3. Die Solarzellen werden etwa 3 mm auseinandergelegt. Das ist wichtig, denn sollten Sie zwischen den einzelnen Zellen mehr Platz lassen, wird der String aus neun Solarzellen zu lang und passt nicht mehr genau auf die Kunststoffplatte. Schneiden Sie circa 10 cm lange Stücke des Lötverbinders ab. Da Sie auf allen Lötpads auf der Oberseite der Zellen die Verbinder anbringen, benötigen Sie 17 Verbindungen x 3 Lötpads, also stolze 51 Stück.

4. Zum Löten der Solarzellen brauchen Sie eine feste Unterlage, am besten eine dünne Holzplatte. Der Untergrund darf nicht zu weich sein, da die Solarzelle sonst bricht, wenn nur der kleinste Druck des Lötkolbens von oben wirkt. Da der Lötverbinder festgehalten werden sollte, während Sie ihn auf die Solarzelle löten, sind feuerfeste Handschuhe wichtig, damit man sich nicht verbrennt.

   Für den Lötkolben benötigen Sie eine sehr breite Spitze. Ältere Lötkolbenmodelle haben noch eine sehr flache und breite Spitze, die gut geeignet ist. Wenn Sie einen etwas einfacheren Lötkolben besitzen, montieren Sie einfach die breiteste Spitze des Sets.

Zum Löten von Solarzellen benötigtes Equipment.

5 Optional können Sie spezielles Solarlötflussmittel ganz dünn auf die Pads bringen, allerdings nicht zu viel, denn sonst verläuft das Flussmittel und trübt die Solarzelle ein. Das ist ohnehin nicht komplett vermeidbar. Stellen Sie den Lötkolben auf 380 Grad und gehen Sie mit Lötzinn und Lötkolben gleichzeitig an das Lötpad auf der Oberseite der Solarzelle. Dort setzen Sie einen Lötpunkt, bis er sich mit dem Pad verbindet, jedoch nicht länger als zwei Sekunden.

6 Es zeigt sich, dass ein dünner Lötstreifen auf dem Pad den Verbinder gut fixieren kann. In dem speziellen Solarlötzinn, aber auch in anderen Lötzinnarten, ist ebenfalls Flussmittel enthalten. Je mehr Lötzinn also auf das Pad gelangt, desto größer ist die Stelle, an der das Flussmittel auf die Zelle fließt. Gehen Sie daher sparsam mit dem Lötzinn um. Haben Sie etwas Lötzinn auf den Pads der Oberseite, legen Sie den Lötverbinderstreifen gerade darüber bis fast auf die gesamte Fläche des Pads. Dann setzen Sie den Lötkolben für etwa eine Sekunde an einer Seite an, bis das Lötzinn darunter schmilzt, und fahren einmal über den kompletten Streifen. Danach ist der Streifen auf der Solarzelle angelötet.

Anlöten des Lötverbinders auf der Solarzellenoberseite.

7. Haben Sie das für alle 18 Solarzellen gemacht, legen Sie sie erst einmal zur Seite. Bevor Sie sie nämlich auf der Kunststoffplatte befestigen, montieren Sie alle weiteren Bauteile der Solaranlage, sodass die Solarzellen selbst als Letztes montiert werden, um die Beschädigungsgefahr für die Zellen so gering wie nötig zu halten. Planen Sie an dieser Stelle erst einmal, wie und wo Sie alle weiteren Bauteile anbringen.

Weitere Bauteile der Solarkonstruktion

Welche Teile müssen wir an der Solarkonstruktion noch anbringen?

- Kill-Switch
- Spannungs-/Stromregler
- PCM
- Diode
- Balancerverlängerungskabel

Hinter die Solarzellen werden Sie rein schaltungstechnisch den Kill-Switch schalten, damit man die Solaranlage mit einem Schalter komplett ausschalten kann. Danach geht der Stromkreis an den Spannungs- und Stromregler, der dann eine gleichbleibende Spannung und/oder Stromstärke ausgeben kann. Gleich danach werden Sie eine Sperrdiode setzen, da durch den Akku kein Strom in die Solaranlage zurückfließen soll, und die Schaltung an das PCM des Akkus legen.

Auf der anderen Seite des PCM wird der Akku angeschlossen. An den gleichen Anschlüssen, an die Sie die Solaranlage anlöten, werden Sie die Verbindung zum ESC herstellen, da am PCM die Last (ESC) und der Lader (Solaranlage) an einem Anschluss sitzen. Sie werden also die Solarzellen so auf der Kunststoffplatte anbringen und verkabeln, dass die Enden der Anlage (Plus und Minus) aus der Vorderseite des Rovers nach vorne herausgeführt werden.

Den Kill-Switch werden Sie direkt unter die Kunststoffplatte in die Mitte kleben. Dieser Schalter ist eigentlich dazu gedacht, verschraubt zu werden, allerdings können Sie ihn beliebig platzieren, wenn Sie ihn ankleben. Sie müssen aber darauf achten, dass er so fest wie möglich verklebt wird. Am besten geht das mit starkem doppelseitigem Schaumstoffklebeband und Heißkleber.

BAUTEILE RICHTIG VERKABELN

Die Solaranlage besteht aus mehreren Bauteilen, die verschaltet und eingestellt werden müssen. Da Sie den Aufbau aus Holz und Kunststoff schon so hergestellt haben, dass die gesamte Konstruktion einfach an- und abzubauen ist, müssen Sie natürlich auch bei der Verkabelung der einzelnen Bauteile planen, dass die Konstruktion einfach zu entfernen ist. Es dürfen also nur Steckverbindungen zwischen der Anlage und dem Rover (Akku/ESC) vorhanden sein.

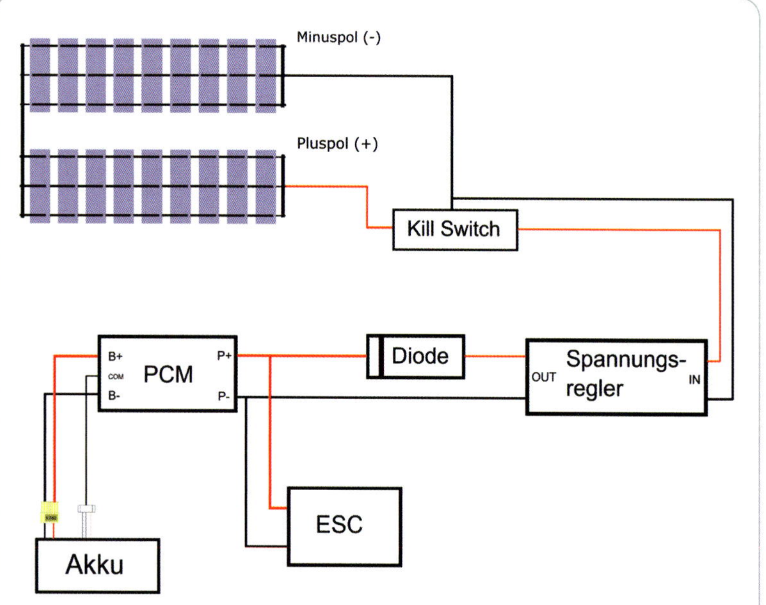

Anschlussschema der gesamten Solaranlage.

Das PCM ist auf der Rückseite sehr flach, deshalb können Sie es an die rechte Unterseite der Kunststoffplatte kleben. Der Spannungsregler hat an der Vorderseite das Display sowie zwei Potenziometer zum Einstellen der Parameter. Kleben Sie das Bauteil mit der Rückseite unter die Kunststoffplatte direkt an die Holzkonstruktion, und zwar auf die Seite, auf der sich der Akkuanschluss befindet.

1. Bevor wir jedoch das PCM anbringen können, muss es mit den nötigen Kabeln versehen werden. Sie beginnen also damit, alle Kabel von der Kunststoffvorderkante nach Ihren Wünschen zu verlegen. Sie schneiden jeweils ein rotes und ein schwarzes Kabel AWG 16 auf die Länge plus etwas Spiel zwischen der Kante und der Stelle, an der der Kill-Switch sitzen wird.

   Haben Sie alle Kabel auf die richtige Länge zugeschnitten, löten Sie das PCM, sodass Sie es ankleben können. Löten Sie zuerst den Stecker, der das PCM mit dem ESC verbindet. Die Kabel löten Sie an und isolieren alles mit Schrumpfschlauch.

Bauteilverteilung Solaranlage.

2. Nun löten Sie diesen Stecker sowie die Kabel, die an den Spannungsregler gehen, an das PCM: das schwarze Minuskabel auf das Pad P-, die beiden roten Kabel auf P+.

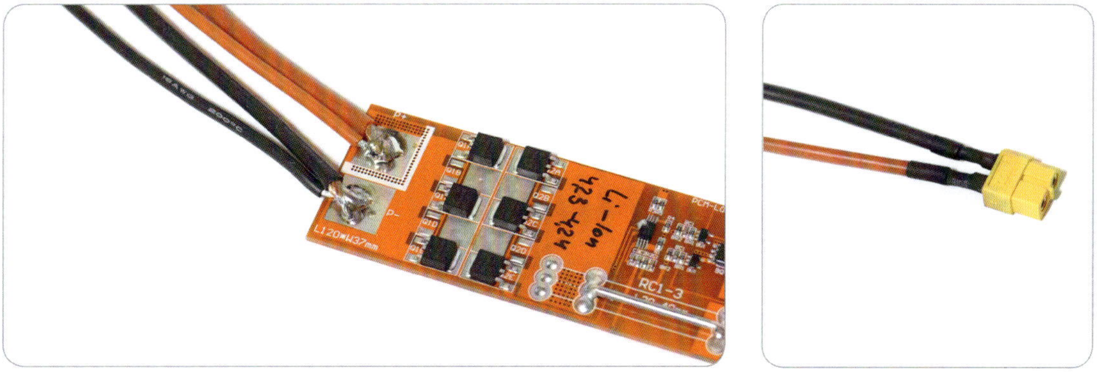

Steckverbindung zum ESC an das PCM löten.

3 Löten Sie die Steckverbindung, die den Akku mit dem PCM verbindet. Das erfordert eine Verbindung mit dem Hauptanschluss sowie mit dem Balanceranschluss des Akkus, sodass das PCM jede Zellenspannung messen kann. Schauen wir uns den inneren Aufbau eines 2S-LiPos an:

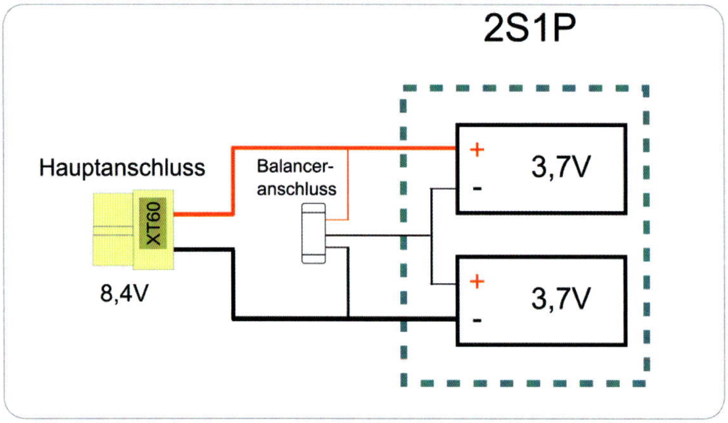

Innerer Aufbau eines 2S-LiPo-Akkus.

Wie Sie erkennen können, besteht der Balanceranschluss aus drei Anschlüssen: zwei schwarzen Minuspolen und einem roten Pluspol. Um jede einzelne Zelle messen zu können, müssen Sie beide Hauptanschlüsse des Akkus sowie das weiße Balancerkabel der zweiten Zelle an das PCM legen.

Vom Balaceranschluss benötigen Sie also nur das mittlere weiße Kabel. Um nicht direkt am Akku etwas umlöten zu müssen oder Ähnliches, verwenden Sie das Balancerverlängerungskabel und entfernen die beiden äußeren Kabel (oder isolieren sie), schneiden das Ende des mittleren Kabels ab und entfernen ein Stück der Ummantelung.

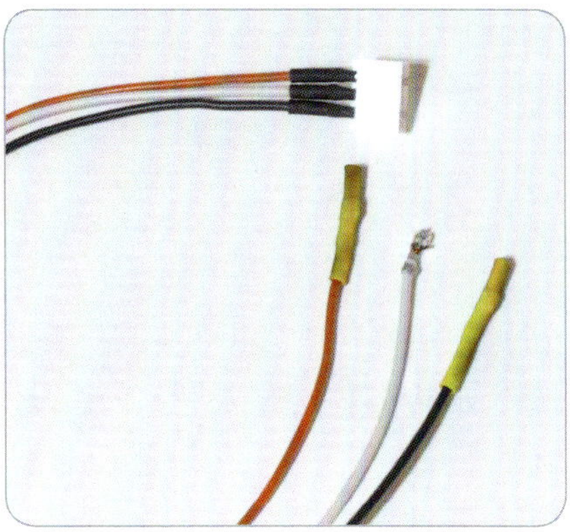

Vorbereiten der Balancerkabelverlängerung.

4 Löten Sie wieder zuerst den Stecker, der die Hauptanschlüsse des Akkus und des PCM verbindet. Das dickere rote Kabel wird am PCM auf B+, das weiße dickere auf B- und das dünne schwarze Kabel (Balancerkabel) auf COM gelötet.

Danach befestigen Sie das PCM auf der Unterseite der Platte mit doppelseitigem Schaumstoffklebeband. Sie können jetzt auch schon die Diode aus Schnitt 7 einlöten.

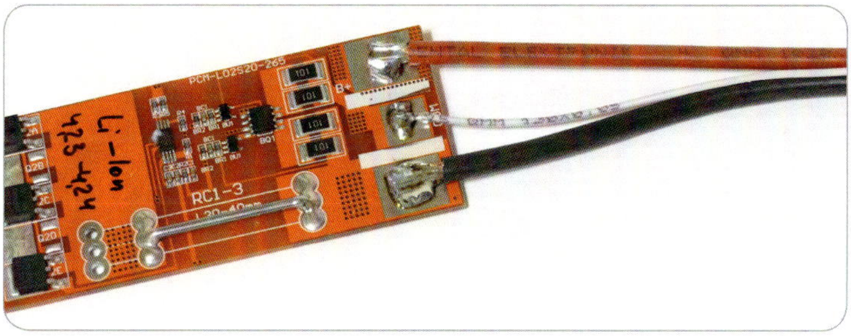

Anschluss des Akkus am PCM angelötet.

5 Versehen Sie den Kill-Switch mit den Anschlusskabeln. Hierfür löten Sie zwei schwarze Kabel an den Groundanschluss sowie jeweils ein rotes Kabel an den Ein- und Ausgang des Schalters (siehe Bild). Die Kabel müssen so lang sein, dass sie bis zu den anderen Bauteilen (Solarzellenanschluss/Spannungsregler) reichen. Danach isolieren Sie die Stellen mit Schrumpfschlauch.

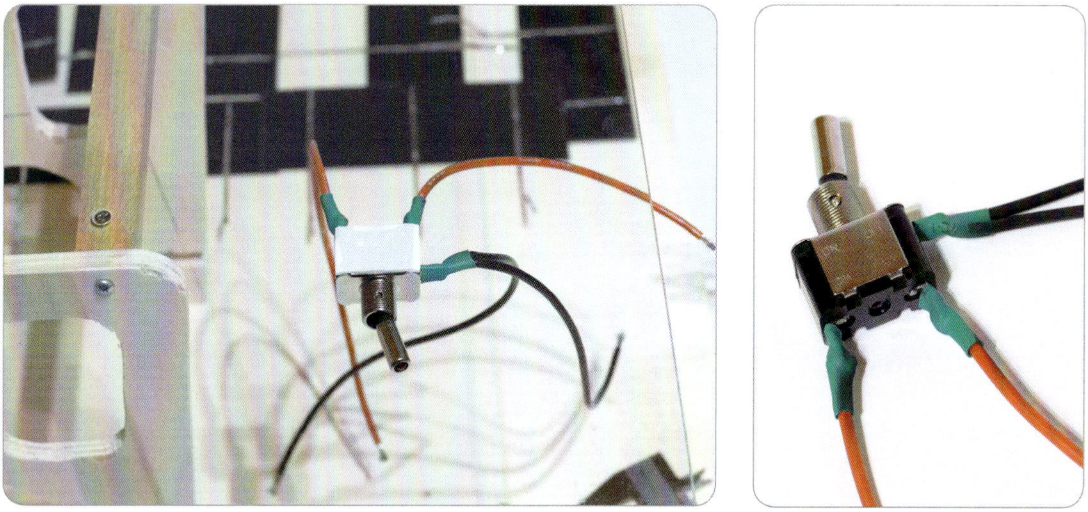

Den Kill-Switch löten und montieren.

SPANNUNGS- UND STROMREGLER MIT GEHÄUSE

Der Spannungs- und Stromregler kann mit und ohne Gehäuse bestellt werden. Da der Rover draußen zum Einsatz kommt, ist es von Vorteil, ein Gehäuse um die elektronischen Bauteile zu haben. Es muss allerdings zuvor zusammengebaut werden.

DIODE UND STROMFLUSS

Eine Diode hat immer eine Durchlass- und eine Sperrrichtung. Das bedeutet, der Strom kann nur in eine Richtung fließen und nicht zurück. Solarzellen sind sogenannte Generatoren, die Strom unter einer gewissen Spannung erzeugen. Am anderen Ende steht der Akku, der mit der Solaranlage geladen werden soll. Im normalen Betrieb liefern die Solarzellen eine Spannung, die groß genug ist, damit der Strom nur von den Zellen wegfließt. Tritt jedoch der schlechteste Fall ein – der Kill-Switch steht auf ON, der Akku ist geladen und keine Sonne trifft auf die Solarzellen, etwa nachts oder bei einer vollkommenen Verschattung –, kann es passieren, dass der Strom vom Akku zurück in die Solarzellen fließt und diese beschädigt. Aus diesem Grund wird eine Diode eingelötet, die den Stromfluss nur in die Richtung von der Solaranlage weg zulässt.

6. Befestigen Sie den Schalter an der geplanten Stelle. Das ausgehende rote Kabel am Switch sowie eines der schwarzen Kabel verbinden Sie mit den Schraubkontakten des Spannungsreglers an der Seite IN. Achten Sie vor allem darauf, dass keine blanken Stellen der Kabel außen liegen.

Kabel vom Switch an den Spannungsregler schrauben.

7. Löten Sie die Diode in das Pluskabel, das schon am PCM angelötet ist und zum Spannungsregler gehen wird. Hier geht es darum, zu verhindern, dass Strom vom Akku zurück in die Solarzellen fließen kann.

Schneiden Sie das rote Kabel einmal durch – wo, ist relativ egal –, entfernen Sie an beiden Enden etwas Isolierung und löten Sie die Diode ein. Sehr wichtig ist die richtige Ausrichtung der Diode. Sie muss so eingelötet werden, dass die Flussrichtung der Diode zum PCM hin zeigt, der kleine Balken auf der Diode (der zeigt die Flussrichtung an) muss also Richtung PCM zeigen. Danach isolieren Sie alles mit Schrumpfschlauch.

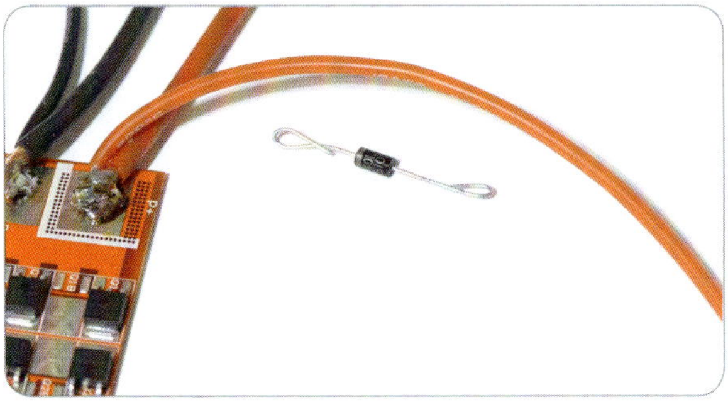

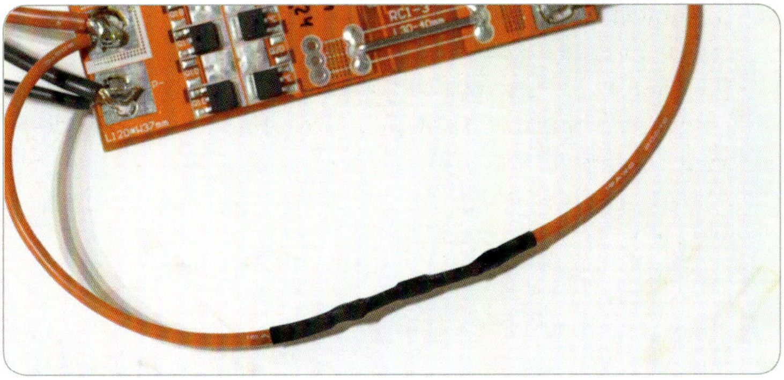

Einlöten der Diode in das rote Kabel zwischen dem Spannungsregler und dem PCM.

8. Befestigen Sie das schwarze Kabel mit den Schraubkontakten an der Minusseite bei OUT. Ebenfalls auf der OUT-Seite schließen Sie das rote Kabel an Plus an.

Befestigen der Ausgangskabel am Spannungsregler.

9. Kleben Sie den Spannungsregler mit doppelseitigem Schaumstoffklebeband direkt an das Holz unter die Kunststoffplatte, und zwar dort, wo der Akkuanschluss sitzt (rechte Seite).

10. Den kleinen Akkuwarner können Sie wieder in Reichweite des Akku-Balanceranschlusses am Rover befestigen, und zwar so, dass Sie den Balanceranschluss des Akkus entweder an den Akkuwarner (keine Solaranlage montiert) oder an die Kabelverlängerung zum PCM (Solaranlage montiert) stecken können.

Solarzellen zusammenlöten und montieren

Jetzt haben Sie alle Bauteile befestigt und widmen sich dem letzten Schritt, dem Zusammenlöten und Montieren der Solarzellen. Als Erstes löten Sie bei einer Solarzelle auf der Unterseite alle drei Lötverbinder an, und zwar so, dass sie in die entgegengesetzte Richtung zeigen wie die oberen. Das ist unsere erste Solarzelle. An eine zweite Solarzelle löten Sie ebenfalls schon die unteren Verbinder, sie ist dann die Anfangszelle des zweiten Strings.

Verbinden der Solarzellen.

1. Legen Sie die erste Solarzelle vorsichtig auf die Vorderseite. Dann legen Sie in nur 3 mm Abstand die zweite an die Seite der herausragenden Kontakte und löten mit etwas Lötzinn die drei Kontakte der ersten auf die Unterseite der zweiten Zelle. Bringen Sie dazu wie bei der Oberseite etwas Lötzinn auf die Pads auf und löten Sie dann die Streifen in einem Zug darauf. Das Ganze machen Sie je zweimal mit den neun Zellen hintereinander.

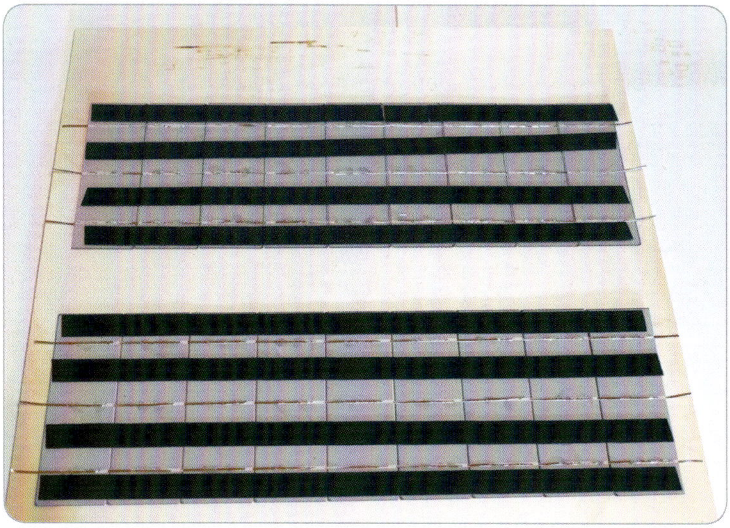

Vorsichtiges Aufkleben des Klebebands auf die Unterseite der Solarzellen.

2. Kleben Sie die beiden Strings so auf die Kunststoffplatte, dass die zwei Reihen ziemlich weit außen sitzen. Verwenden Sie wetterfestes (UV-beständiges) doppelseitiges Schaumstoffklebeband und kleben Sie sehr vorsichtig ein doppeltes T auf die Rückseite jeder Zelle.

   Nehmen Sie den String und setzen Sie ihn an die Außenseite der Platte. Hierbei ist darauf zu achten, dass sich die erste Solarzelle, mit der Sie den ersten String begonnen haben, an der Frontseite des Rovers befindet.

KILL-SWITCH AUF OUT

Während die Solarzellen zusammengelötet werden, entsteht im String ein immer größer werdendes Spannungsfeld. Schließen Sie daher die Zellen nicht kurz, trennen Sie alle Steckverbindungen der Bauteile und des Akkus und schalten Sie den Kill-Switch auf OUT.

STRINGS AUSRICHTEN

Alternativ können sie die Strings auf der Holzplatte ausrichten, die Klebefolie des Bandes abziehen und die Kunststoffplatte sehr vorsichtig von oben daraufsetzen (siehe Bild Seite 181).

Die zweite Solarzelle, bei der Sie schon die Unterseite gelötet haben, ist dementsprechend die erste Zelle auf der anderen Seite, und zwar entgegengesetzt, also an der Hinterseite des Rovers.

Verbinden der hinteren Solarzellen mit Lötverbinder.

3. Verbinden Sie die beiden hintersten Zellen mit drei langen Stücken des Lötverbinders und befestigen sie mit etwas Kleber auf der Kunststoffplatte.

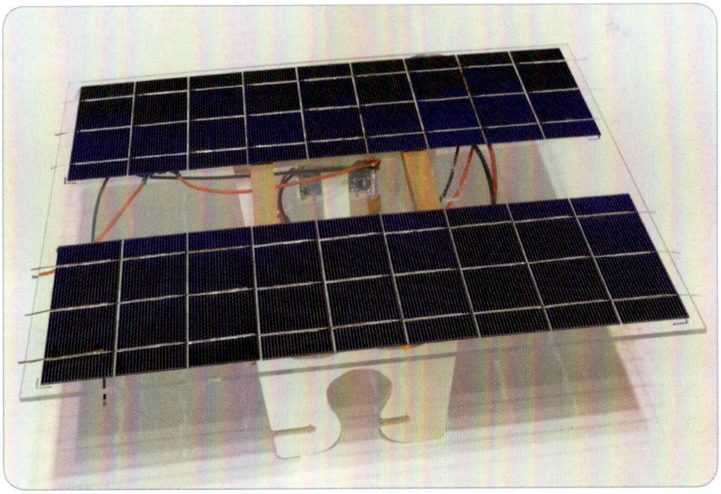

Aufkleben der Solarstrings.

4. Legen Sie über die Lötverbinder der vordersten beiden Zellen jeweils längs noch einen extra Lötverbinder und löten Sie ihn an, um alle drei Adern zu verbinden.

FEDERVERSTÄRKER

Je nachdem, wie schwer ihre Solarkonstruktion geworden ist (Dicke der Platte), können Sie die Federung des Rovers mit den mitgelieferten Federverstärker straffer einstellen.

TIPP

Da die Solarkonstruktion mit der benötigten Elektronik sehr einseitig verbaut ist, kann es unter Umständen nötig sein, an der anderen Seite der Solarplatte ein Gegengewicht anzubringen.

ACHTUNG VERSCHATTUNG

Kommt es bei einer Reihenschaltung von Solarzellen zu einer Verschattung einer einzelnen Zelle oder ist diese defekt, wirkt sich das rapide auf die gesamte Solarleistung aus. An der verschatteten Zelle entstehen eine Negativspannung und ein Hotspot. Das bedeutet, alle Zellen vor der verschatteten Zelle versuchen, ihren Strom bei einer negativen Spannung durch diese hindurchzudrücken. Die verschattete Zelle heizt sich somit weiter auf und wird beschädigt, im schlimmsten Fall entsteht ein Brand.

BYPASSDIODEN

Bypassdioden bewirken, dass sich der Leistungsverlust einer Zelle (z.B. durch Verschattung) nicht auf die gesamte Solaranlage auswirkt, gerade wenn alle Zellen zu einem String in Reihe geschaltet sind. In größeren Dachmodulen, die zu einer Solarfotovoltaikanlage zusammengeschaltet werden, findet sich eine solche Schaltung ebenfalls. Dort wird eine Bypassdiode über eine Zellenanzahl von 12, 18 oder 24 Stück geschaltet.

5. Als Nächstes löten Sie an der Zelle, an der die Lötverbinder auf der Oberseite herauskommen, das schwarze Minuskabel und auf der anderen Seite das rote Pluskabel an, das wiederum zum Kill-Switch führt.

6. Zeit, sich dem Anlöten der Bypassdioden (Schottkey) zu widmen. Sie benötigen sie für den Fall, dass eine oder mehrere Zellen in dem String verschattet werden. Tritt das ein, sinkt die Leistung der gesamten Anlage stark, da der Strom durch die verschattete Zelle geschleust werden muss. Um das zu verhindern, werden Sie für jede Zelle einen Bypass bauen. Das bedeutet, die Diode wird so eingelötet, dass der Strom durch die negative Spannung, die an der Zelle entsteht, wenn eine Zelle verschattet oder sogar defekt ist, über die Diode laufen kann und nur geringe Verluste entstehen.

Eine Bypassdiode sollte eine möglichst geringe Flussspannung (Uf) haben, da sie schon bei der geringsten Negativspannung der Zelle sehr schnell durchschalten soll. Unsere Diode hat einen Uf von 460 mV. Auch die Stromstärke muss bedacht werden. Da eine Reihenschaltung besteht, fließt immer nur ein Strom von maximal 2,7 A. Das bedeutet, die Diode sollte mindestens 3 A in Flussrichtung (If) aushalten.

Sie löten parallel zu jeder zweiten Zelle eine Bypassdiode gegen die Flussrichtung ein. Der Ring an der Diode (Minuspol) muss also parallel in Richtung des Pluspols der Zelle zeigen. Sehen Sie sich nochmals das Schaltbild der Bypassiode auf der Seite 67 an.

Einlöten der Bypassdioden.

Solaranlage für den Betrieb bereit machen

Jetzt ist die Solaranlage fertig, und Sie können sie mit dem nicht leitenden Schutzlack versiegeln. Das ist ein isolierender Klarlack, der die Zellen ein wenig vor Wind und Wetter schützt, allerdings nur in einem gewissen Rahmen. Komplett wasserfest ist die Anlage trotzdem nicht. Der Klarlack wird mit Treibgas aus der Spraydose befördert und ist nicht gerade gesund für den Körper. Tragen Sie den Lack deshalb nur in gut belüfteten Räumen wie in einer offenen Garage oder direkt im Freien auf.

Stellen Sie noch unseren Spannungs- und Stromregler ein, sodass Sie dort die gewünschten Werte für den Akku herausbekommen. Dafür sind die kleinen Einstellschräubchen an der Oberseite angebracht. Mit der linken oberen Schraube (CV) stellen Sie die maximale Spannung ein, mit der rechten (CC) den maximalen Strom. Die Verbindungen zum Akku und zum ESC sollten immer noch unterbrochen sein.

Schalten Sie dann den Kill-Switch auf ON, und der Spannungsregler zeigt die ersten Werte an. Mit den beiden Tastern können Sie das Display durchschalten. Das machen Sie so lange, bis die Ausgangsspannung zu sehen ist. Dann drehen Sie an der Spannungsschraube, bis Sie eine Ausgangsspannung von 8,2 V erreicht haben.

Nun schalten Sie das Display auf den Ausgangsstrom und stellen diesen mit der rechten Schraube auf 3 A. Das Gerät regelt die Differenzen aus und sorgt für eine gleichbleibende Spannung und einen maximalen Strom von 3 A. Er variiert natürlich je nach Leistung der Solarzellen, die Spannung bleibt jedoch konstant. Die Spannung stellen Sie deshalb nur auf 8,2 V, da das Vollladen des Akkus über die Anlage seine Lebensdauer beeinträchtigt. Jetzt ist unsere Solaranlage für den Betrieb bereit.

Nach dem Einschalten und dem Verbinden von ESC, PCM, Akku und PCM liefert die Solaranlage entweder einen Teil der benötigten Energie beim Fahren, oder sie lädt bei Stillstand den Akku auf. Die PCM-Schutzelektronik ist aber kein direkter Ersatz für ein richtiges Ladegerät. Vermeiden Sie es also, den Akku mithilfe der Solaranlage komplett vollladen zu lassen.

Wenn Sie nun die Roverdrohne mit eingebauter Solaranlage autonom fahren lassen möchten, müssen Sie berücksichtigen, dass sich der Schwerpunkt des Fahrzeugs deutlich nach oben verlagert hat. In der APM-Software Mission Planner müssen Sie also die Werte für die maximale Kurvengeschwindigkeit sowie die maximale Kurven-G-Kraft anpassen. Die Parameterdatei finden Sie im Downloadbereich dieses Buchs.

ACHTUNG, ÜBERLAST

Die Schaltungselektronik des PCM dient dem Schutz des Akkus. Sie begrenzt die Spannungen der Zellen und schützt sie vor Über-/Unterspannung und Überlast. Zum dauerhaften Laden des Akkus ist die Elektronik jedoch nicht gedacht. Vermeiden Sie es also am besten, den Akku durch die Solaranlage komplett vollladen zu lassen. Lassen Sie auch den Rover mit eingeschalteter Solaranlage niemals unbeaufsichtigt, da trotz aller Schutzelektronik ein potenziell gefährlicher Ladevorgang des LiPo-Akkus stattfindet.

Index

BILDNACHWEIS

Alle Bilder in diesem Buch wurden von **Patrick Leiner** erstellt.

Ausgenommen: **S. 12** Wikipedia (o). **S. 14** Wikipedia (m). **S. 15** Wikipedia (m). **S. 16** Wikipedia (o). **S. 17** Nasa. **S. 18** Pixabay (l). **S. 29** Graupner (m). **S. 31** Graupner. **S. 32** Graupner (u). **S. 35** Wikipedia (or). **S. 42** Graupner. **S. 65** SpaceX (u). **S. 158** Pixabay (o).